論理体系と代数モデル

青山 広・愛知非古典論理研究会

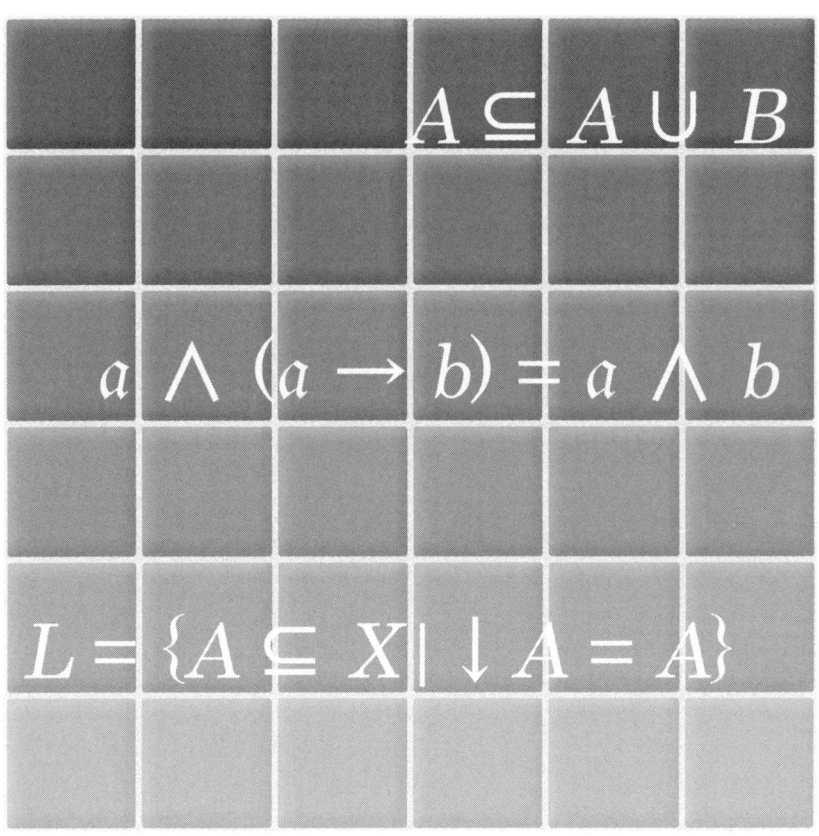

八千代出版

はじめに

　本書のタイトルにある「論理体系」は，Gentzen の **LK** や **LJ** などの sequent calculus の論理体系をいう．sequent(シークェント．今後「式」と記す) というのは，$\varphi_1, \varphi_2, \ldots, \varphi_m, \psi_1, \psi_2, \ldots, \psi_n$ $(m, n \geq 0)$ をそれぞれ論理式として，
$$\varphi_1, \varphi_2, \ldots, \varphi_m \Rightarrow \psi_1, \psi_2, \ldots, \psi_n$$
という形の記号列をいう．この式は，たとえば **LK** では，意味的に次の式と同じである：
$$\varphi_1 \wedge \varphi_2 \wedge \ldots \wedge \varphi_m \Rightarrow \psi_1 \vee \psi_2 \vee \ldots \vee \psi_n$$

　そして，この後者の式は，Hilbert タイプの論理体系における次のような表現と対応している：
$$\varphi_1 \wedge \varphi_2 \wedge \ldots \wedge \varphi_m \vdash \psi_1 \vee \psi_2 \vee \ldots \vee \psi_n$$

　つまり，論理式 $\varphi_1 \wedge \varphi_2 \wedge \ldots \wedge \varphi_m$ を前提とすると，論理式 $\psi_1 \vee \psi_2 \vee \ldots \vee \psi_n$ が結論として演繹されるということである．したがって，式は推論を表わしていると考えることができる．たとえば，2 つの前提 $\varphi, \varphi \to \psi$ から結論 ψ を導く推論：
$$\frac{\varphi \qquad \varphi \to \psi}{\therefore \psi}$$
は，
$$\varphi, \varphi \to \psi \Rightarrow \psi$$
という式として表現される．このように考えてくると，たとえば **LK** における公理 (図式．今後「図式」という表現は省略する) である $\varphi \Rightarrow \varphi$ という式は，

$$\frac{\varphi}{\therefore \varphi}$$

という自明な推論に対応し，**LK** における各種の推論規則は，この自明かつ正しい推論 (式) をもとに，さらに別の形の正しい推論 (式) に変形する規則であると考えることができる．そしてこうした推論 (式) の変形が **LK** における「形式的証明」であると考えることができる．つまり，**LK** における形式的証明は推論の証明と考えることができる．

ところで，さまざまな式 (推論) がさまざまな sequent calculus の論理体系において，証明できたりできなかったりする．本書では，古典論理および非古典論理 (本書で「非古典論理」という場合，主に直観主義論理を指す) の体系を扱う．そして，それぞれの論理体系に対する代数モデルを考察し，さまざまな式が証明できる，できないということと代数モデルの性質とがどのように関連しているのか考察する．

束論を基礎とする代数モデルを使うことの利点は，それを使うことにより，各論理体系の意味論的な特徴が，代数として統一的に理解できるということにある．そして，sequent calculus の体系は，式に含まれる矢印 ⇒ を代数における順序 ≤ とみなすことにより，代数とみなすことも可能になる．少し誇張した表現，あるいは，スローガン的な表現をすれば，「論理と代数は同型 (isomorphic) だ」ともいえよう．つまり，sequent calculus の研究はそのまま代数の研究ともみなしうるし，また，束論的な代数の研究は論理体系の研究とみなすこともできる．こうした点から，論理体系の代数的研究は論理にとっては必然的でもあるし，今後，ますます研究されなければならない．

1. 本書の目的

この本は，古典論理および非古典論理の代数モデルを使った研究の入門書である．対象とする読者は，記号論理学に興味があり，(Henkin タイプの) 古典述語論理体系の完全性定理の証明を理解し，さらに，論理体系の代数モデルに興味のある人々である．

古典論理および直観主義論理の代数モデルに関する本で，それぞれの論理体系の代数モデルを使った完全性定理の証明までを統一的に，しかも日本語で著わしたものは，筆者たちが知る範囲では現在存在しない．そこで，今回，古典論理および直観主義論理として Gentzen タイプの論理体系 (sequent calculus)

LK と **LJ** を使い，それぞれの論理体系に対応する代数を，束論をもとに展開し，そうした代数モデルに関する各論理体系の完全性定理を証明した．

本書執筆にはもう 1 つ別の理由・目的が存在する．筆者たちの研究会，「愛知非古典論理研究会」は，後に記すように，これまで約 20 年間，非古典論理に関する研究活動をしてきた．その研究活動の一端をこの本にまとめるという目的もある．非古典論理に基づく集合論の研究が研究会での大きなテーマであったが，今回，まず，集合論を除いた部分を 1 冊にまとめてみようということで執筆したのが本書である．ただし，本書では，筆者たちの研究成果はほとんど含まれていない．第 1 章から 6 章までに書かれている定義，定理およびその証明などは，そのほとんどがよく知られたものである．そして，一部の重要な定理等で，その最初の証明者の名前を記した以外は，誰が最初にそうした定義をし，定理を証明したかについては記していない．ただ，そうした仕事を最初にした先人たちの努力に対しては，心から感謝の意を表したい．

2. 各章の担当者と内容

第 1 章から 5 章までを青山が担当した．ただし，第 4 章第 4 節は小寺が担当し，第 5 章第 2 節と定理 5.32 を千谷が担当した．そして，第 6 章を千谷が担当した．

第 1 章から 5 章までは，束論 (第 1 章) から，ブール代数 (第 2 章)，ハイティング代数 (第 5 章) などの，いわゆる，代数系の基礎をまとめ，**LK** の完全性定理の代数的証明を中心とする章 (第 3 章) を設けた．そして，本書で必要となる位相空間論の基礎的事項の章 (第 4 章) を設けた．

古典論理のみならず非古典論理の代数的考察をする場合，束論の研究は基本となる．束論については，日本語で 1 冊の本としてまとまったものは，あまり多くはない．一方，英語の文献としては，Birkhoff の古典的名著 *Lattice Theory* (3rd ed., 1967. 初版は 1940) をはじめ，比較的多くの本が出版されている．今回は，各所で引用され，束論の教科書としても定評のある Davey と Priestley の共著 *Introduction to Lattices and Order* (2nd ed., 2002. 初版は 1990) を参考にし，記号もなるべく彼らのものに従った．また，Birkhoff (1967) や小野の『情報代数』(1994a) なども各所で参考にした．

ブール代数とそれに基づく **LK** の完全性定理の証明については，Bell と

Slomson の共著 *Models and Ultraproducts* (1971) を参考にした. Bell と Slomson のこの共著では, **LK** ではなく, Hilbert タイプの古典述語論理体系の代数的な完全性定理の証明をしているが, それは, Rasiowa と Sikorski の共著論文 "A Proof of the Completeness Theorem of Gödel" (1950) に基づいている.

第 4 章の位相空間論と第 5 章のハイティング代数は, 直観主義論理体系 **LJ** の完全性定理の代数的証明に必要となる. 第 4 章では, そうした目的のために必要となる項目を中心に取り上げたので, 位相空間論の入門としては, 内容的に偏りがある. 第 5 章の内容は, Rasiowa-Sikorski の埋め込み定理を証明するための章といっても過言ではない. そのため, 内容の多くは, 彼らの共著 *The Mathematics of Metamathematics* (1963) に基づいている. 彼らのこの共著は, 古典論理や直観主義論理などの代数的考察の古典的名著であるとともに, 必読書である.

第 6 章では, 直観主義論理体系 **LJ** の完全性定理の証明を扱っている. ハイティング代数 (完備ハイティング代数, **cHa**) を使った代数的証明をしている. **LK** の完全性定理の代数的証明では, 第 2 章の Tarski's Lemma が重要な役割を果たしているが, **LJ** の完全性定理の代数的証明では, 第 5 章の Rasiowa-Sikorski の埋め込み定理が同様の役割を果たしている.

なお, 直観主義論理は Gödel などの研究により, 様相論理の 1 つ **S4** と対応していることがよく知られている. また, 量子論理も, Goldblatt の研究により, 様相論理の 1 つ **B** との対応が知られている. その意味で, 本書でも Kripke モデルについても考察すべきであったが, 時間的制約から割愛せざるを得なかった. なお, **cHa** と Kripke モデルとの対応については, 竹内外史の *Proof Theory* (2nd ed., 1987. 初版は 1975) で扱われている (Theorem 8.27).

本書は, 青山が組版ソフト pLaTeX 2_ε により組版したものである. 出版に関して, 八千代出版の森口恵美子氏からさまざまなアドバイスを得た. ここに記してお礼申し上げたい.

3. 愛知非古典論理研究会

長年, アメリカ (ワシントン大学など) で教育・研究活動をしてきた千谷が, 1987 年帰国し, 中部大学に籍を置くことになると同時に, 愛知教育大学の小寺が千谷と中部大学において非古典論理, 特に, 直観主義論理の研究を開始

した．そして青山が翌88年にアメリカ(イリノイ大学)から帰国し，この研究会に参加することになった．その後しばらく3人で研究会活動をしてきたが，2001年に千谷の指導する大学院生小澤晴彦氏が加わり4人での活動となった．現在，小澤氏は就職し研究会を離れたため，3人での活動にもどっている．

会の研究内容としては，当初，直観主義論理およびそれに基づいた直観主義的集合論，さらにファジィ論理や直観主義的ファジィ集合論の研究をしていた．それは主にハイティング代数や完備ハイティング代数を使った代数的なものであった．その後，束値集合論(lattice-valued set theory)の研究を経て量子論理および量子集合論の研究へと移行し，現在に至っている．この間，研究の牽引役・リーダーは千谷で，他のメンバーは彼女の数学的および論理学的な思想・アイデアから強い影響を受けている．なお，現在のメンバー3人(千谷，小寺，青山)はそれぞれ竹内外史先生から，かつて講義その他で直接的に指導を受けたことがあり，この研究会はさまざまな点で竹内先生からの影響を受けており，先生の薫陶にたいへん感謝している．

最後に，本書の出版については，東海学園大学人文学部より，出版費用の一部助成を受けた．ここに記して感謝の意を表したい．

2007年春
青山 広

目　次

はじめに　　i

第 1 章　束　論　　1
1.1　順序集合　　1
1.2　束の定義　　9
1.3　束の性質　　11
1.4　$\cap$-構造と $\cup$-構造　　24
1.5　トップ $\cap$-構造と閉包作用素　　30
1.6　ガロア対応　　33
1.7　順序集合の完備化　　41
1.8　束上の合同関係と商束 (商代数)　　43

第 2 章　ブール代数　　47
2.1　相補束および分配束　　47
2.2　ブール代数　　48
2.3　準同型写像と超フィルター　　59

第 3 章　古典論理　　71
3.1　言語 L の定義　　71
3.2　古典論理 **LK** の体系　　72
3.3　**LK** の解釈とモデル　　75
3.4　解釈の基本性質　　77
3.5　**LK** の完全性定理　　80

第 4 章　位相空間論の基礎　　87
4.1　位相空間論の基礎 1　　87

4.2	位相空間論の基礎 2	94
4.3	位相空間と分離公理	97
4.4	正則開集合と完備ブール代数	104

第5章 ハイティング代数　　109

5.1	ハイティング代数	109
5.2	完備ハイティング代数	116
5.3	ハイティング代数・ブール代数と商代数	118
5.4	位相を利用したブール代数の完備化	127
5.5	位相ブール代数と Rasiowa-Sikorski の埋め込み定理	136

第6章 直観主義論理　　151

6.1	直観主義論理の体系 **LJ**	152
6.2	**LJ** のリンデンバウム代数	156
6.3	**LJ** の解釈と健全性定理	159
6.4	**LJ** の完全性	161

参考文献　　165

索　引　　173

第1章 束　　論

　第 1 章では，束を中心に取り上げ，その基本的性質を理解する．束論は，古典論理はもちろん，直観主義論理や量子論理などの代数モデルを考察するのに必要不可欠な道具である．

1.1　順序集合

　この節では，束を導入するための準備として順序集合を定義し，その基本性質を理解する．

定義 1.1　X を空でない集合とし，$\leq$ を X 上の 2 項関係とするとき，次の 3 つの性質を満たす $\langle X, \leq \rangle$ を**順序集合** (partially ordered set, poset) という：任意の $a, b, c \in X$ について，

1. $a \leq a$ 　　　　　　　　　　　　（反射律）
2. $a \leq b$ かつ $b \leq a$ のとき $a = b$ 　（反対称律）
3. $a \leq b$ かつ $b \leq c$ のとき $a \leq c$ 　（推移律）

　順序 $\leq$ について，それが，X における順序であることを明確にしたいとき，あるいは強調したいときに，$\leq_X$ のように表わす．

定義 1.2　順序集合 $\langle X, \leq \rangle$ が次の条件を満たすとき，**全順序集合** (totally ordered set) という：任意の $a, b \in X$ について，

$$a \leq b \text{ または } b \leq a$$
（つまり，a と b が比較可能）

　以下，(全) 順序集合に言及するとき $\langle X, \leq \rangle$ の代わりに X としばしば略記する．また，(全) 順序集合に関して，$a < b \overset{def}{\Longleftrightarrow} (a \leq b \text{ かつ } a \neq b)$ とする．

なお，$\langle X, \leq \rangle$ が (全) 順序集合のとき，任意の $A \subseteq X$ $(A \neq \emptyset)$ も，同じ順序 $\leq$ に関して (全) 順序集合となる．そのとき，A を X の**部分 (全) 順序集合**という．

定義 1.3 順序集合 $\langle X, \leq_X \rangle$ に対し，その**双対順序集合** $\langle X, \leq_{X^\partial} \rangle$ を次のように定義する：任意の $x, y \in X$ について，

$$x \leq_{X^\partial} y \overset{def}{\iff} y \leq_X x$$

なお，順序集合 X の双対順序集合を X^∂ と表記することがある．

定義 1.4 $\langle X, \leq \rangle$ を順序集合とする．$Y \subseteq X$ が順序関係 $\leq$ について全順序となるとき，Y を (X における) **鎖** (chain) という．なお，全順序集合そのものを鎖ともいう．

定義 1.5 X を順序集合とし，$A \subseteq X$ とする．$x \in X$ が，任意の $a \in A$ に対して $a \leq x$ となるとき，x を A の**上界** (upper bound) という．また，$x \in X$ が，任意の $a \in A$ に対して $x \leq a$ となるとき，x を A の**下界** (lower bound) という．A に上界が存在するとき，A は**上に有界**であるといい，下界が存在するとき，**下に有界**であるという．A が上にも下にも有界のとき，A は**有界**であるという．

X において，$A \subseteq X$ の上界全体を A^u で表わし，下界全体を A^l で表わす．つまり，

$$A^u := \{x \in X \mid \forall a \in A (a \leq x)\}$$
$$A^l := \{x \in X \mid \forall a \in A (x \leq a)\}$$

なお，$\emptyset^u = \emptyset^l = X$ となる．また，$\alpha := \beta$ という表現は，α を β で定義するということを表わす．

定義 1.6 X を順序集合とする．$a \in X$ が任意の $x \in X$ に対して $x \leq a$ となるとき，a を X の**最大元** (largest element, greatest element, top element) という．また，$a \in X$ が任意の $x \in X$ に対して $a \leq x$ となるとき，a を X の**最小元** (smallest element, least element, bottom element) という．最大元, 最小元は存在すれば一意に存在する．X の最大元を 1_X または 1 で表わし，最小元を 0_X または 0 で表わす．

1.1. 順序集合

注意 1.1 順序集合 X が最大元 1 をもつとき，任意の $A \subseteq X$ について，$1 \in A^u$ となる．特に，$X^u = \{1\}$．しかし，X が最大元をもたないとき，$X^u = \emptyset$ となる．

一方，X が最小元 0 をもつとき，任意の $A \subseteq X$ について，$0 \in A^l$ となる．特に，$X^l = \{0\}$．しかし，X が最小元をもたないとき，$X^l = \emptyset$ となる．

定義 1.7 X を順序集合とする．$a \in X$ について，$a < x$ となるような $x \in X$ が存在しない場合 (つまり，任意の $x \in X$ に対して，$a \leq x$ ならば $a = x$ となる場合)，a を X の**極大元** (maximal element) という．また，$a \in X$ について，$x < a$ となるような $x \in X$ が存在しない場合 (つまり，任意の $x \in X$ に対して，$x \leq a$ ならば $a = x$ となる場合)，a を X の**極小元** (minimal element) という．X の最大元 (最小元) は X のただ 1 つの極大元 (極小元) である．極大元 (極小元) は複数存在しうるし，また 1 つも存在しないこともある．

定義 1.8 X を順序集合とし，$A \subseteq X$ とする．A の上界全体の集合に最小元が存在するとき，それを A の**上限** (**最小上界**)(sup, lub) という．つまり，$c \in X$ が $A \subseteq X$ の上限であるということは，次の 2 条件を満たすことである：

1. $\forall a \in A\,(a \leq c)$
2. $\forall b \in X\,(\forall a \in A\,(a \leq b) \to c \leq b)$

次に，$A \subseteq X$ の下界全体の集合に最大元が存在するとき，それを A の**下限** (**最大下界**)(inf, glb) という．つまり，$c \in X$ が $A \subseteq X$ の下限であるということは，次の 2 条件を満たすことである：

1. $\forall a \in A\,(c \leq a)$
2. $\forall b \in X\,(\forall a \in A\,(b \leq a) \to b \leq c)$

注意 1.2 X を順序集合とし，$A \subseteq X$ とする．A^u に最小元が存在すれば，それが A の上限であり，A^l に最大元が存在すれば，それが A の下限である．A の上限 (下限) は存在するとは限らない．しかし，もし存在すれば一意に存在する．

なお，$A \subseteq X$ が最大元をもてば，それは A の上限でもある．ただし，その逆は必ずしも成り立たない．つまり，A の上限が存在するとしても，それは必ずしも A の最大元にはならない．A の上限が A の元でないときは，A の

最大元とはならない. 同様に, $A \subseteq X$ が最小元をもてば, それは A の下限でもある. ただし, その逆は必ずしも成り立たない.

注意 1.3 順序集合 X の任意の部分集合 A (A は有限または無限集合) に対して, その上限 $\sup A$, 下限 $\inf A$ をそれぞれ $\bigvee A$, $\bigwedge A$ とも表記する. $\bigvee A$ は A の**結び** (join), $\bigwedge A$ は A の**交わり** (meet) ともいう. 特に A が無限集合のとき, 本書では $\bigvee A$ を A の**無限 join**, $\bigwedge A$ を A の**無限 meet** という. また, $\bigvee$, $\bigwedge$ が X での演算であることを強調するために $\bigvee^X$, $\bigwedge^X$ と表記することがある.

注意 1.4 いま, I を有限あるいは無限の添字集合とする. このとき, X の部分集合 $\{a_i \in X \mid i \in I\}$ の上限 $\sup\{a_i \in X \mid i \in I\}$ を $\bigvee_{i \in I} a_i$ と表記し, 下限 $\inf\{a_i \in X \mid i \in I\}$ を $\bigwedge_{i \in I} a_i$ と表記する. 集合 I が明らかなときは $\bigvee_i a_i$, $\bigwedge_i a_i$, あるいはさらには $\bigvee a_i$, $\bigwedge a_i$ などとも表記する.

なお, X の部分集合族 $\{A_i\}_{i \in I}$ について, $I = \emptyset$ のとき, 次が成り立つ:

$$\bigcup_{i \in I} A_i = \emptyset, \quad \bigcap_{i \in I} A_i = X$$

ただし, $\bigcup$, $\bigcap$ はそれぞれ和集合, 共通集合 (共通部分) をとる集合演算を表わす.

注意 1.5 X を順序集合とする. 定義 1.5 の最後に記したように, $\emptyset^u = X$ となる. よって, X が最小元 0 をもてば, $\bigvee \emptyset$ が存在し, $\bigvee \emptyset = 0$ となる. 一方, X が最小元をもたなければ, $\emptyset^u$ は最小元が存在しないので, $\bigvee \emptyset$ は存在しない. つまり,

$$\bigvee \emptyset \text{が存在する} \iff X \text{ が最小元をもつ}$$

同様に, $\emptyset^l = X$ が成り立つので, X が最大元 1 をもてば, $\bigwedge \emptyset$ が存在し, $\bigwedge \emptyset = 1$ となる. 一方, X に最大元がなければ, $\bigwedge \emptyset$ は存在しない. つまり,

$$\bigwedge \emptyset \text{が存在する} \iff X \text{ が最大元をもつ}$$

が成り立つ. 以上を命題として述べておく:

命題 1.1 X を順序集合とするとき, 次が成り立つ:

1. $\bigvee \emptyset$ が存在する $\iff X$ が最小元をもつ

1.1. 順序集合

そして，X が最小元 0 をもつとき，$\bigvee \emptyset = 0$

2. $\bigwedge \emptyset$ が存在する $\iff X$ が最大元をもつ
   そして，X が最大元 1 をもつとき，$\bigwedge \emptyset = 1$

定義 1.9 X を順序集合とし，$A \subseteq X$ とする．このとき，

1. A は**ダウン集合**である
   $\stackrel{def}{\iff}$ 任意の $a \in A, x \in X$ について，$x \leq a$ ならば $x \in A$
2. A は**アップ集合**である
   $\stackrel{def}{\iff}$ 任意の $a \in A, x \in X$ について，$a \leq x$ ならば $x \in A$

さらに，記号 $\downarrow, \uparrow$ を次のように導入する：$a \in X, A \subseteq X$ のとき，

$\downarrow a := \{x \in X \mid x \leq a\}, \qquad \uparrow a := \{x \in X \mid a \leq x\}$

$\downarrow A := \{x \in X \mid \exists a \in A : x \leq a\}, \quad \uparrow A := \{x \in X \mid \exists a \in A : a \leq x\}$

$\downarrow a, \uparrow a$ はそれぞれ $\downarrow\{a\}, \uparrow\{a\}$ と同一のものである．明らかに，$\downarrow a$ は**イデアル** (ideal) であり，$\uparrow a$ は**フィルター** (filter) である．なお，イデアル，フィルターについては，節 1.3 で定義する．$\downarrow a, \downarrow A$ を，それぞれ，a, A のダウン集合といい，$\uparrow a, \uparrow A$ を，それぞれ，a, A のアップ集合という．なお，定義から，$\downarrow X = \uparrow X = X$ であり，$\downarrow \emptyset = \uparrow \emptyset = \emptyset$ である．そして，X および $\emptyset$ はダウン集合であり，かつ，アップ集合でもある．任意の $A \subseteq X$ について，A^u はアップ集合であり，A^l はダウン集合である．また，順序集合 X のダウン集合全体からなる集合を $\mathcal{D}(X)$ と表わす．もちろん，$\mathcal{D}(X) \subseteq \mathcal{P}(X)$ である．ただし，$\mathcal{P}(X)$ は X のベキ集合を表わす．

命題 1.2 順序集合 X の任意の部分集合 A および任意の $x \in X$ について次が成り立つ：

1. $\downarrow A$ は A を部分集合として含む最小のダウン集合である
2. $\uparrow A$ は A を部分集合として含む最小のアップ集合である
3. A はダウン集合 $\iff A = \downarrow A$
4. A はアップ集合 $\iff A = \uparrow A$
5. $\downarrow A = \bigcup_{a \in A} \downarrow a$
6. $\uparrow A = \bigcup_{a \in A} \uparrow a$

7. $A^u = \bigcap_{a \in A} \uparrow a$
8. $A^l = \bigcap_{a \in A} \downarrow a$
9. $(\downarrow x)^u = \uparrow x$
10. $(\uparrow x)^l = \downarrow x$
11. $\bigvee A$ が X において存在するとき, $A^u = \uparrow(\bigvee A)$
12. $\bigwedge A$ が X において存在するとき, $A^l = \downarrow(\bigwedge A)$

証明 $A = \emptyset$ のときは明らかなので, $A \neq \emptyset$ とする. このとき, $1, 3, 5, 7, 9, 11$ を示す. 残りは練習問題とする.

1: $b \in A$ とすると, $b \leq b$ なので, $b \in \downarrow A = \{x \in X \mid \exists a \in A(x \leq a)\}$. よって, $A \subseteq \downarrow A$.

次に, $b \in \downarrow A, x \in X, x \leq b$ とすると, $b \in \downarrow A = \{x \in X \mid \exists a \in A(x \leq a)\}$ だから, $b \leq a$ となる $a \in A$ が存在する. よって, $x \leq a$ となる $a \in A$ が存在する. つまり, $x \in \downarrow A$ となり, $\downarrow A$ がダウン集合であることがわかる.

最後に, $\downarrow A$ は A を含む最小のダウン集合であることを示す. つまり, B を $A \subseteq B$ となる任意のダウン集合とするとき, $\downarrow A \subseteq B$ となることを示す. いま, $a \in \downarrow A$ とすると, $a \leq b$ となる $b \in A$ が存在する. つまり, $a \leq b$ となる $b \in B$ が存在する. B はダウン集合なので, このとき, $a \in B$ となり, $\downarrow A \subseteq B$ となる.

3: $\Longleftarrow$ は 1 から明らかなので, $\Longrightarrow$ のみを示す. A をダウン集合とする. $A \subseteq \downarrow A$ は 1 から明らかなので, その逆を示す. いま, $a \in \downarrow A$ とすると, $a \leq x$ となる $x \in A$ が存在する. A はダウン集合なので, $a \in A$ となる.

5: 任意の $x \in X$ について,

$$x \in \bigcup_{a \in A} \downarrow a \Longleftrightarrow \exists a \in A(x \in \downarrow a) \Longleftrightarrow \exists a \in A(x \leq a) \Longleftrightarrow x \in \downarrow A$$

7: 任意の $x \in X$ について,

$$\begin{aligned} x \in A^u &= \{x \in X \mid \forall a \in A(a \leq x)\} \\ &\Longleftrightarrow \forall a \in A(a \leq x) \\ &\Longleftrightarrow \forall a \in A(x \in \uparrow a) \\ &\Longleftrightarrow x \in \bigcap_{a \in A} \uparrow a \end{aligned}$$

9: 任意の $a \in X$ について,

$$a \in (\downarrow x)^u \Longleftrightarrow \forall y \in \downarrow x : y \leq a$$

1.1. 順序集合

$$\iff \forall y \in X : (y \le x \implies y \le a)$$
$$\iff x \le a$$
$$\iff a \in \uparrow x.$$

11：7により，$\bigcap_{a \in A} \uparrow a = \uparrow(\bigvee A)$ を示せばよい．任意の $x \in X$ について，

$$x \in \bigcap_{a \in A} \uparrow a \iff \forall a \in A(x \in \uparrow a)$$
$$\iff \forall a \in A(a \le x)$$
$$\iff \bigvee A \le x$$
$$\iff x \in \uparrow (\bigvee A) \qquad \square$$

命題 1.3 X を順序集合とし，$x, y \in X$ とする．このとき，次の4条件は同値になる：

1. $x \le y$
2. $\downarrow x \subseteq \downarrow y$
3. $\uparrow y \subseteq \uparrow x$
4. $\forall Q \in \mathcal{D}(X) : y \in Q \implies x \in Q$

証明 1, 2, 3 が互いに同値であることはほぼ明らかなので，ここでは2と4が同値であることを示す．

$2 \implies 4 : Q \in \mathcal{D}(X)$ として，$y \in Q$ とすると，$y \le a$ となる $a \in Q$ が存在する．$x \le y$ だから $x \le a$ となり $x \in Q$ となる．

$4 \implies 2 : a \in \downarrow x$ とすると，$a \le x$ となる．$\downarrow y \in \mathcal{D}(X)$ かつ $y \in \downarrow y$ だから，仮定により，$x \in \downarrow y$ となり，$x \le y$ となる．つまり，$a \le x \le y$ となり $a \in \downarrow y$ となる． $\square$

命題 1.4 X を順序集合とし，$A \subseteq X$ とする．このとき，次が成り立つ：

1. A はダウン集合 $\iff X \setminus A$ はアップ集合
2. A はアップ集合 $\iff X \setminus A$ はダウン集合

なお，$X \setminus A$ は X から A を引いた差集合を表わし，$X - A$ とも書く．

証明 2は1の言い換えなので，1のみ示す．

$\implies : A \subseteq X$ をダウン集合とし，$X \setminus A$ をアップ集合でないと仮定する．このとき，後者から，ある $x \in X \setminus A$ そしてある $y \in X$ について $x \le y$ である

が，$y \notin X \backslash A$, つまり, $y \in A$ となる. このとき, A がダウン集合であることから, $x \in A$ となるが, これは, $x \in X \backslash A$ に矛盾する.

$\impliedby$: 上記 $\implies$ の証明とほぼ同じ. □

定義 1.10 X, Y を順序集合とする. 写像 $\varphi : X \longrightarrow Y$ が次の条件 1~3 を満たすとき, それぞれ, 1. **順序保存** (order-preserving) 2. **順序埋め込み** (order-embedding) 3. **順序同型** (order-isomorphism) であるという：

1. $\forall x, y \in X : x \leq y \implies \varphi(x) \leq \varphi(y)$
2. $\forall x, y \in X : x \leq y \iff \varphi(x) \leq \varphi(y)$
3. φ は上記の条件 2 を満たすとともに, 全射である

順序保存写像は, **順序準同型写像** (order homomorphism), あるいは**同調写像** (monotone mapping, isotone mapping) ともいう.

写像 $\varphi : X \longrightarrow Y$ が順序同型のとき, $X \cong Y$ と書き, X と Y は順序同型であるという. 順序同型である 2 つの順序集合は構造的に同じなので, しばしば同一視される. $\varphi : X \longrightarrow Y$ が順序埋め込みのとき, $\varphi : X \hookrightarrow Y$ とも書く.

注意 1.6 順序埋め込み $\varphi : X \hookrightarrow Y$ は単射になる. というのも, 任意の $x, y \in X$ について, $\varphi(x) = \varphi(y)$ とすると, $\varphi(x) \leq \varphi(y)$ かつ $\varphi(y) \leq \varphi(y)$ となり, 上記 2 の条件から, $x \leq y$ かつ $y \leq x$ となり $x = y$ となるからである. したがって, φ が順序埋め込みのとき, $X \cong \varphi(X)$ となる. ただし, ここで, $\varphi(X)$ は X の φ による像, つまり, $\mathrm{Im}\,\varphi$ を表わす.

例 1.1 X を任意の順序集合とする. このとき, 次のように定義された写像 $\varphi : X \longrightarrow \mathcal{D}(X)$ は, 命題 1.3 により, 順序埋め込みになる：

$$\varphi : X \longrightarrow \mathcal{D}(X) \; ; \; x \mapsto \downarrow x$$

次に, 順序保存写像および順序同型の双対概念を定義する.

定義 1.11 順序集合 X から順序集合 Y への写像 f が次の条件を満たすとする：任意の $a, b \in X$ について,

$$a \leq b \implies f(b) \leq f(a)$$

このとき, f を**双対順序準同型写像** (dual order homomorphism) という.

さらに，f が全射で，条件：任意の $a,b \in X$ について，
$$a \leq b \iff f(b) \leq f(a)$$
を満たすとき，それを**双対順序同型写像** (dual order isomorphism) という．

本書では，選択公理と同等 (equivalent) であるツォルン (Zorn) の補題を仮定し，重要な定理の証明に利用している．本節最後にこの補題を記しておく．

補題 1.1.1 (ツォルンの補題) 順序集合 X の任意の全順序部分集合 (鎖) が X において上界をもつとする．このとき，(1) X は極大元をもち，さらに，(2) 任意の $a \in X$ に対して，ある極大元 b が存在し，$a \leq b$ となる．

1.2 束の定義

この節では，束を定義し，束の基本性質をみる．そして，述語論理の代数的取り扱いには不可欠となる完備束についてさまざまな側面から考察する．

定義 1.12 L を順序集合とする．L の任意の 2 元 a, b に対して，$\{a, b\}$ の上限 $\sup\{a, b\}$ および下限 $\inf\{a, b\}$ が存在するとき，L を**束** (lattice) という．

$\sup\{a, b\}$, $\inf\{a, b\}$ はそれぞれ $a \vee b$, $a \wedge b$ と一般的に表記される．前者を a と b の**結び** (join)，後者を a と b の**交わり** (meet) などという．また，$\vee$, $\wedge$ が束 L での演算であることを強調するために，$\vee_L$, $\wedge_L$ のように表わすこともある．

注意 1.7 全順序集合では，任意の 2 元 a, b について，$a \leq b$ または $b \leq a$ が成り立つが，前者の場合，$a \vee b = b$, $a \wedge b = a$ となる．また後者の場合，$b \vee a = a$, $b \wedge a = b$ となる．いずれにしても，$\{a, b\}$ の上限，下限が存在するので，全順序集合は束である．つまり，鎖は束である．なお，束では，$a \leq b$, $a \vee b = b$, $a \wedge b = a$ の 3 つは同値である．今後，束を L あるいは 3 つ組 $\langle L, \vee, \wedge \rangle$，さらには $L = \langle L, \vee, \wedge \rangle$ のように表わすこととする．

注意 1.8 束は極大元，極小元をもつとは限らないが，それらをもつときは，一意に存在する．同じく，束は最大元や最小元をもつとは限らない．束 (および全順序集合) では，極大元と最大元は，それらが存在すれば，同一のものになる．a が束 (全順序集合) X の極大元のとき，定義から，任意の $x \in X$ につ

いて，$a \leq x \implies a = x$ であるが，任意の x について $a \leq a \vee x$ がつねに成り立つので，両者から，$a = a \vee x$ が成り立つ．ところで，$x \leq a \vee x$ もつねに成り立つので，任意の $x \in X$ について，$x \leq a$ が成り立つことになる．つまり，a は X の最大元である．同様に，束 (全順序集合) では，極小元と最小元は，もしそれらが存在すれば，同じものとなる．

定義 1.13 (束の別定義) 代数 $\langle L, \vee, \wedge \rangle$ (L は空でない集合．$\vee, \wedge$ は L 上の 2 項演算) が次の 3 つの条件を満たすとき，束という：任意の $a, b, c \in L$ に対して，

1. $a \vee b = b \vee a, \quad a \wedge b = b \wedge a$ (交換律)
2. $a \vee (b \vee c) = (a \vee b) \vee c, \quad a \wedge (b \wedge c) = (a \wedge b) \wedge c$ (結合律)
3. $a \vee (a \wedge b) = a, \quad a \wedge (a \vee b) = a$ (吸収律)

そして，この束における順序 $\leq$ を $a \leq b \overset{def}{\iff} a \vee b = b$ あるいは $a \leq b \overset{def}{\iff} a \wedge b = a$ で定義する．

この定義 1.13 により，たとえば，1 と 3 から，$a \wedge b \leq a, a \leq a \vee b$ などが導ける．また，3 から，$a \wedge (a \vee a) = a$ なので，再び 3 を使って，$a \vee a = a \vee (a \wedge (a \vee a)) = a$ となる．同様に，$a \wedge a = a$ も導ける．

なお，束 L の空でない部分集合 A が次の条件を満たすとき，A を L の**部分束** (sublattice) という：任意の $a, b \in A$ について，

$$a \vee b \in A \quad \text{かつ} \quad a \wedge b \in A$$

(つまり，A は L の演算 $\vee, \wedge$ について閉じている)

定義 1.14 L を順序集合とする．L の任意の部分集合 A について $\bigvee A$ および $\bigwedge A$ が L において存在するとき，L を**完備束** (complete lattice) という．完備束には最大元 $1_L (= \bigvee L)$ および最小元 $0_L (= \bigwedge L)$ が存在する．有限束は完備束である．なお，完備束 L は束でもあるので，$\langle L, \vee, \wedge, \bigvee, \bigwedge \rangle$, $L = \langle L, \vee, \wedge, \bigvee, \bigwedge \rangle$ などとも表記する．

定義 1.15 L を完備束とし，L' を L の部分束とする．任意の $\{a_i\}_{i \in I} \subseteq L'$ について，$\bigvee_{i \in I}^{L} a_i$ および $\bigwedge_{i \in I}^{L} a_i$ がともに L' において存在するとき，L' を L の**完備部分束** (complete sublattice) という．

定義 1.16 束に関する命題 φ について，その中に現れる順序 $\leq$ を $\geq$ で置き換え，$\wedge$ と $\vee$ を互いに入れ替えてできる命題を**双対命題**といい，φ^d で表わす．なお，明らかに $\varphi^{dd} = \varphi$ である．

定義 1.13(束の別定義) から，双対命題に関して次が成り立つことは明らかである：

双対原理 (Duality Principle) 束に関する命題 φ が成立するとき，φ^d も成立する．

最後に，半束について簡単に述べておく．

定義 1.17 空でない集合 X について，次の 3 条件を満たす 2 項演算 ∘ が存在するとき，$\langle X, \circ \rangle$ を**半束** (semilattice) という：任意の $a, b, c \in X$ について，

1. $a \circ a = a$
2. $a \circ b = b \circ a$
3. $a \circ (b \circ c) = (a \circ b) \circ c$

たとえば，順序集合 L について，結び $\vee$ についてのみ閉じている代数 $\langle L, \vee \rangle$ を**上半束** (upper semilattice, join semilattice) といい，交わり $\wedge$ についてのみ閉じている代数 $\langle L, \wedge \rangle$ を**下半束** (lower semilattice, meet semilattice) という．

1.3 束の性質

この節では，束に関する性質をいくつかの命題の形で述べておく．それらの証明の多くは，練習問題とする．

命題 1.5 束 L では次のような性質が成り立つ：任意の $a, b, c \in L$ に対して，

1. $a \leq b \implies (a \vee c \leq b \vee c$ かつ $a \wedge c \leq b \wedge c)$
2. $(a \leq b$ かつ $c \leq d) \implies (a \vee c \leq b \vee d$ かつ $a \wedge c \leq b \wedge d)$
3. $a \vee (b \wedge c) \leq (a \vee b) \wedge (a \vee c), \ (a \wedge b) \vee (a \wedge c) \leq a \wedge (b \vee c)$
4. 次の 2 つの分配律は同値である：
    (1) $a \vee (b \wedge c) = (a \vee b) \wedge (a \vee c)$
    (2) $a \wedge (b \vee c) = (a \wedge b) \vee (a \wedge c)$

証明 1 の前半のみ証明する. $a \leq b$ つまり $a \vee b = b$ のとき, $(a \vee c) \vee (b \vee c) = b \vee c$ を示す.

$$\begin{aligned} b \vee c &= (a \vee b) \vee (c \vee c) \\ &= a \vee (b \vee (c \vee c)) \\ &= a \vee ((b \vee c) \vee c) \\ &= a \vee (c \vee (b \vee c)) \\ &= (a \vee c) \vee (b \vee c) \end{aligned}$$
□

命題 1.6 L_1 と L_2 を束とし, f を L_1 から L_2 への写像とする. このとき, 次の 3 つは同値である:

1. 任意の $a, b \in L_1$ について, $a \leq b \Longrightarrow f(a) \leq f(b)$
   つまり, f は順序保存写像である
2. 任意の $a, b \in L_1$ について, $f(a) \vee f(b) \leq f(a \vee b)$
3. 任意の $a, b \in L_1$ について, $f(a \wedge b) \leq f(a) \wedge f(b)$

命題 1.7 L を束とする. $A, B \subseteq L$ とし, $\bigvee A, \bigvee B, \bigwedge A, \bigwedge B$ が L の中に存在するとき, 次が成り立つ:

1. 任意の $a \in A$ について, $a \leq \bigvee A$. そして, 任意の $x \in L$ について,
   $\bigvee A \leq x \iff$ (任意の $a \in A$ について, $a \leq x$)
2. 任意の $a \in A$ について, $\bigwedge A \leq a$. そして, 任意の $x \in L$ について,
   $x \leq \bigwedge A \iff$ (任意の $a \in A$ について, $x \leq a$)
3. $\bigwedge A \leq \bigvee A$
4. $\bigvee A \leq \bigwedge B \iff$ (任意の $a \in A, b \in B$ について $a \leq b$)
5. $A \subseteq B \Longrightarrow (\bigvee A \leq \bigvee B$ かつ $\bigwedge B \leq \bigwedge A)$
6. $\bigvee (A \cup B) = \bigvee A \vee \bigvee B$, $\bigwedge (A \cup B) = \bigwedge A \wedge \bigwedge B$
7. $\bigvee (A \cap B) \leq \bigvee A \wedge \bigvee B$, $\bigwedge A \vee \bigwedge B \leq \bigwedge (A \cap B)$

証明 6 の後半について証明しておく. $A \subseteq A \cup B$ および $B \subseteq A \cup B$ から, 5 により $\bigwedge (A \cup B) \leq \bigwedge A$ かつ $\bigwedge (A \cup B) \leq \bigwedge B$. よって, $\bigwedge (A \cup B) \leq \bigwedge A \wedge \bigwedge B$.

逆に, 任意の $x \in A$ について, $\bigwedge A \wedge \bigwedge B \leq \bigwedge A \leq x$ となる. 同様に, 任意の $x \in B$ について, $\bigwedge A \wedge \bigwedge B \leq \bigwedge B \leq x$. よって, 任意の $x \in A \cup B$ について, $\bigwedge A \wedge \bigwedge B \leq x$. つまり, $\bigwedge A \wedge \bigwedge B \leq \bigwedge (A \cup B)$.

以上から, $\bigwedge (A \cup B) = \bigwedge A \wedge \bigwedge B$. □

1.3. 束の性質

注意 1.9 上記命題1.7の5との対比で，次のことに注意．L' を順序集合 (束) L の部分順序集合 (部分束) とし，任意の添字集合 I について，$\{a_i\}_{i \in I} \subseteq L' \subseteq L$ とする．このとき，次の2つが成り立つ：

1. いま，$\bigvee_{i \in I}^{L'} a_i$, $\bigvee_{i \in I}^{L} a_i$, $\bigwedge_{i \in I}^{L'} a_i$, $\bigwedge_{i \in I}^{L} a_i$ がそれぞれ存在するとすると，次が成り立つ：

$$\bigvee_{i \in I}^{L} a_i \leq \bigvee_{i \in I}^{L'} a_i, \quad \bigwedge_{i \in I}^{L'} a_i \leq \bigwedge_{i \in I}^{L} a_i$$

上の2つの式の順序記号 $\leq$ を等号 $=$ で置き換えることは，一般的にはできない．たとえば，左の式について：$\bigvee_{i \in I}^{L'} a_i$ は，L' における，$\{a_i\}_{i \in I}$ の最小の上界であるが，$L' \subseteq L$ なので，L でみた場合，$\bigvee_{i \in I}^{L'} a_i$ は $\{a_i\}_{i \in I}$ の1つの上界ではあるが，最小の上界かどうかは決まらない．L では，$\bigvee_{i \in I}^{L'} a_i$ よりももっと (真に) 小さい $\{a_i\}_{i \in I}$ の上界が存在するかもしれない．右の式についても同様である．

2. 一方，同じ $\{a_i\}_{i \in I} \subseteq L' \subseteq L$ に対し，もし，$\bigvee_{i \in I}^{L} a_i$ が存在し，L' に元として属している場合，$\bigvee_{i \in I}^{L'} a_i$ も存在し，次が成り立つ：

$$\bigvee_{i \in I}^{L'} a_i = \bigvee_{i \in I}^{L} a_i$$

この理由は，次のようになる．いま，$a := \bigvee_{i \in I}^{L} a_i$ とおいて，$a \in L'$ とする．このとき，$\bigvee_{i \in I}^{L'} a_i = a$ を示せばよい．つまり，a が $\{a_i\}_{i \in I}$ の L' における最小上界であることを示せばよい．まず，各 $i \in I$ について，$a_i \leq a$ が L' において成り立つ．つまり，L' において，a は $\{a_i\}_{i \in I}$ の上界の1つである．次に，$c \in L'$ が $\{a_i\}_{i \in I}$ の任意の上界であるとする．このとき，c や各 a_i はみな L の元でもあるので，$a = \bigvee_{i \in I}^{L} a_i \leq c$ となる．以上から，a は $\{a_i\}_{i \in I}$ の L' における最小上界である．

同様にして，もし，$\bigwedge_{i \in I}^{L} a_i$ が存在し，L' に元として属している場合，$\bigwedge_{i \in I}^{L'} a_i$ も存在し，次が成り立つ：

$$\bigwedge_{i \in I}^{L'} a_i = \bigwedge_{i \in I}^{L} a_i$$

命題 1.8 L を束とし，I を添字集合とする．このとき，次が成立する．なお，以下の1〜7においては，I が無限集合のとき，各無限 join および無限 meet が L において存在するとする：

1. 任意の $j \in I$ について，$a_j \leq \bigvee_{i \in I} a_i$．そして，任意の $x \in L$ について，$\bigvee_{i \in I} a_i \leq x \iff$ (任意の $i \in I$ について，$a_i \leq x$)
2. 任意の $j \in I$ について，$\bigwedge_{i \in I} a_i \leq a_j$．そして，任意の $x \in L$ について，$x \leq \bigwedge_{i \in I} a_i \iff$ (任意の $i \in I$ について，$x \leq a_i$)
3. $\bigwedge_{i \in I} a_i \leq \bigvee_{i \in I} a_i$
4. 任意の $i \in I$ について，$a_i \leq b_i$ のとき，次が成り立つ：
$$\bigvee_{i \in I} a_i \leq \bigvee_{i \in I} b_i, \quad \bigwedge_{i \in I} a_i \leq \bigwedge_{i \in I} b_i$$
5. 任意の $x \in L$ について，次が成り立つ：
$$\bigvee_{i \in I}(x \wedge a_i) \leq x \wedge \bigvee_{i \in I} a_i, \quad x \vee \bigwedge_{i \in I} a_i \leq \bigwedge_{i \in I}(x \vee a_i)$$
6. $\bigvee_{i \in I}(a_i \vee b_i) = \bigvee_{i \in I} a_i \vee \bigvee_{i \in I} b_i, \quad \bigwedge_{i \in I}(a_i \wedge b_i) = \bigwedge_{i \in I} a_i \wedge \bigwedge_{i \in I} b_i$
7. $\bigvee_{i \in I}(a_i \wedge b_i) \leq \bigvee_{i \in I} a_i \wedge \bigvee_{i \in I} b_i, \quad \bigwedge_{i \in I} a_i \vee \bigwedge_{i \in I} b_i \leq \bigwedge_{i \in I}(a_i \vee b_i)$
8. x は L の任意の元とする．そして，$\bigvee_{i \in I} a_i$ が存在するとき，$\bigvee_{i \in I}(x \vee a_i)$ も存在し，次の等式が成り立つ：
$$\bigvee_{i \in I}(x \vee a_i) = x \vee \bigvee_{i \in I} a_i$$
9. x は L の任意の元とする．そして，$\bigwedge_{i \in I} a_i$ が存在するとき，$\bigwedge_{i \in I}(x \wedge a_i)$ も存在し，次の等式が成り立つ：
$$\bigwedge_{i \in I}(x \wedge a_i) = x \wedge \bigwedge_{i \in I} a_i$$

証明 8 についてのみ証明し，残りは練習問題とする．

8：$\bigvee_{i \in I} a_i$ が存在するとする．上記 1 から，各 $i \in I$ について，$a_i \leq \bigvee_{i \in I} a_i$．よって，$x \vee a_i \leq x \vee \bigvee_{i \in I} a_i$．

一方，任意の $c \in L$ をとり，各 $i \in I$ について，$x \vee a_i \leq c$ とする．このとき，$a_i \leq x \vee a_i \leq c$ から，上記 1 により，$\bigvee_{i \in I} a_i \leq c$．また，$x \leq x \vee a_i \leq c$ から，$x \leq c$．よって，$x \vee \bigvee_{i \in I} a_i \leq c$ となる．以上から，$x \vee \bigvee_{i \in I} a_i$ は，$\{x \vee a_i\}_{i \in I}$ の最小上界である．つまり，$\bigvee_{i \in I}(x \vee a_i) = x \vee \bigvee_{i \in I} a_i$． □

命題 1.9 L を束とし，I, J を添字集合とする．このとき，次が成立する．なお，I, J が無限集合のとき，以下の各無限 join および無限 meet は L において存在するとする：

1. $\bigvee_{i \in I} \bigvee_{j \in J} a_{i,j} = \bigvee_{j \in J} \bigvee_{i \in I} a_{i,j}, \quad \bigwedge_{i \in I} \bigwedge_{j \in J} a_{i,j} = \bigwedge_{j \in J} \bigwedge_{i \in I} a_{i,j}$
2. $\bigvee_{i \in I} \bigwedge_{j \in J} a_{i,j} \leq \bigwedge_{j \in J} \bigvee_{i \in I} a_{i,j}$

1.3. 束の性質

証明 1の前半のみ証明する. 任意の $j \in J$ について, $a_j = \bigvee_{i \in I} a_{i,j}$ とする. このとき, 各 $i \in I, j \in J$ について, $a_{i,j} \leq a_j$ となり, $\bigvee_{j \in J} a_{i,j} \leq \bigvee_{j \in J} a_j$ となる. よって, $\bigvee_{i \in I} \bigvee_{j \in J} a_{i,j} \leq \bigvee_{j \in J} a_j = \bigvee_{j \in J} \bigvee_{i \in I} a_{i,j}$.

逆に, 任意の $i \in I$ について, $a_i = \bigvee_{j \in J} a_{i,j}$ とする. このとき, 各 $i \in I, j \in J$ について, $a_{i,j} \leq a_i$ となり, $\bigvee_{i \in I} a_{i,j} \leq \bigvee_{i \in I} a_i$ となる. よって, $\bigvee_{j \in J} \bigvee_{i \in I} a_{i,j} \leq \bigvee_{i \in I} a_i = \bigvee_{i \in I} \bigvee_{j \in J} a_{i,j}$. □

ところで, X を任意の集合とするとき, $\mathcal{P}(X)$ は部分集合関係 $\subseteq$ について順序集合になるが, さらに完備束にもなる. I を任意の添字集合とし, $\{A_i\}_{i \in I} \subseteq \mathcal{P}(X)$ とすると,

$$\bigvee \{A_i \mid i \in I\} = \bigcup \{A_i \mid i \in I\}$$
$$\bigwedge \{A_i \mid i \in I\} = \bigcap \{A_i \mid i \in I\}$$

そして, $A, B \in \mathcal{P}(X)$ のとき, 2項演算 $\vee, \wedge$ は $A \vee B = A \cup B$, $A \wedge B = A \cap B$ となる. つまり, 完備束 $\langle \mathcal{P}(X), \vee, \wedge, \bigvee, \bigwedge \rangle$ は $\langle \mathcal{P}(X), \cup, \cap, \bigcup, \bigcap \rangle$ として定義される.

定義 1.18 X を任意の集合とし, L を $\mathcal{P}(X)$ の空でない部分集合とする. L が集合演算 $\cup, \cap$ について閉じているとき, L を**集合束**といい, $\cup, \cap$ および $\bigcup, \bigcap$ についても閉じているとき L を**完備集合束**という.

つまり, $\langle \mathcal{P}(X), \cup, \cap, \bigcup, \bigcap \rangle$ は完備集合束である. なお, 集合束は分配束である.

例 1.2 X を順序集合とし, $\mathcal{D}(X)$ を X のダウン集合全体からなる集合とする. このとき, $\{A_i\}_{i \in I} \subseteq \mathcal{D}(X)$ ならば, 次の命題が示すように, $\bigcup_{i \in I} A_i, \bigcap_{i \in I} A_i$ はともに $\mathcal{D}(X)$ に属する. したがって, $\mathcal{D}(X)$ は完備集合束で, これを X の**ダウン集合束**という.

命題 1.10 X を順序集合とし, $\{A_i\}_{i \in I} \subseteq \mathcal{D}(X)$ とする. このとき, $\bigcup_{i \in I} A_i$, $\bigcap_{i \in I} A_i$ はともに $\mathcal{D}(X)$ に属する.

証明 $\{A_i\}_{i \in I} \subseteq \mathcal{D}(X)$ のとき,

$$\bigcup_i A_i = \mathord{\downarrow}\bigcup_i A_i \quad \text{および} \quad \bigcap_i A_i = \mathord{\downarrow}\bigcap_i A_i$$

を示せばよい.

1. $\bigcup_i A_i = \downarrow \bigcup_i A_i$：各 A_i はダウン集合なので，$A_i = \downarrow A_i$ である．したがって，$\bigcup_i \downarrow A_i = \downarrow \bigcup_i A_i$ を示す．

$$\begin{aligned} x \in \bigcup_i \downarrow A_i &\iff \exists i \in I(x \in \downarrow A_i) \\ &\iff \exists i \in I \, \exists a \in A_i (x \leq a) \\ &\iff \exists a \in \bigcup_i A_i (x \leq a) \\ &\iff x \in \downarrow \bigcup_i A_i \end{aligned}$$

2. $\bigcap_i A_i = \downarrow \bigcap_i A_i$：

$$\begin{aligned} x \in \bigcap_i A_i &\implies \exists a \in \bigcap_i A_i (x \leq a) \\ &\implies x \in \downarrow \bigcap_i A_i \end{aligned}$$

逆に，

$$\begin{aligned} x \in \downarrow \bigcap_i A_i &\iff \exists a \in \bigcap_i A_i (x \leq a) \\ &\iff \exists a \, \forall i \in I(a \in A_i \wedge x \leq a) \\ &\implies \forall i \in I \, \exists a(a \in A_i \wedge x \leq a) \\ &\iff \forall i \in I(x \in \downarrow A_i) \\ &\iff x \in \bigcap_i \downarrow A_i = \bigcap_i A_i \end{aligned}$$

なお，$I = \emptyset$ のとき，$\bigcup_{i \in I} A_i = \emptyset$，$\bigcap_{i \in I} A_i = X$ となり，$\emptyset$ も X もダウン集合なので，この命題は成り立つ． □

命題 1.11 X を束 L の空でない部分集合とする．このとき，$[X]_L$ を次のように定義する：

$$[X]_L := \bigcap \{Y \mid X \subseteq Y, Y \text{ は } L \text{ の部分束}\}$$

この $[X]_L$ は X を含む L の部分束のうち最小のものである．

証明 いま，$A := \{Y \mid X \subseteq Y, Y \text{ は } L \text{ の部分束}\}$ とおくと，$L \in A$ なので，$A \neq \emptyset$．さて，$a, b \in [X]_L$ とすると，各 $Y \in A$ について，$a, b \in Y$ となり，$a \vee b, a \wedge b \in Y$ となるので，$a \vee b, a \wedge b \in [X]_L$．つまり，$[X]_L$ は L の部分束である．また，任意の $x \in X$ は，$X \subseteq Y$ となる任意の L の部分束 Y の元でもあるので，$x \in \bigcap A = [X]_L$．つまり，$X \subseteq [X]_L$．よって，$[X]_L \in A$ である．さらに，$[X]_L$ は X を含む L の部分束の共通集合なので，そうした部分束の中で最小のものになる． □

1.3. 束の性質

なお，この $[X]_L$ を X により**生成**された L の部分束 (the sublattice of L generated by X) という．また，X を部分束 $[X]_L$ の**生成系**という．

命題 1.12 X を束 L の空でない部分集合とし，この集合 X を次のように無限に拡張する：

$$X_0 := X$$
$$X_{i+1} := \{a \vee b \mid a, b \in X_i\} \cup \{a \wedge b \mid a, b \in X_i\}$$
$$X_\omega := \bigcup_{i \in \omega} X_i$$

このとき，$[X]_L = X_\omega$ となる．

証明 まず，各 $i \in \omega$ について，$X_i \subseteq X_{i+1}$ である．そこで，X_ω は X を部分集合として含む L の部分束であることを示す．任意の $a, b \in X_\omega$ について，ある $i, j \in \omega$ が存在して，$a \in X_i$, $b \in X_j$ となる．$i \leq j$ としても一般性を失わない．このとき，$X_i \subseteq X_j$ なので，$a, b \in X_j$ となる．よって，$a \vee b, a \wedge b \in X_{j+1} \subseteq X_\omega \subseteq L$．なお，$X \subseteq X_\omega$ は明らか．

次に，$[X]_L = X_\omega$ を示す．$[X]_L$ は X を含む L の部分束のうち最小のものなので，上で示したことにより $[X]_L \subseteq X_\omega$ は明らか．他方，X_ω の元は，X の元に対し L の演算 $\vee, \wedge$ を繰り返し適用して得られるものであるので，それは X を含む L の任意の部分束に元として含まれる．よって，$X_\omega \subseteq [X]_L$．

$\square$

定義 1.19 束 L の空でない部分集合 F が次の 2 つの条件を満たすとき，L の**フィルター** (filter) という：任意の $a, b \in L$ について，

1. $a, b \in F$ ならば $a \wedge b \in F$
2. ($a \in F$ かつ $a \leq b$) ならば $b \in F$

注意 1.10 F を束 L のフィルターとし，$a, b \in F$ とする．束の性質から $a \leq a \vee b$（あるいは，$b \leq a \vee b$）なので上記定義の条件 2 より，$a \vee b \in F$ となる．つまり，このことと，上記定義の条件 1 とから，L のフィルターは L の部分束である．

$a \in L$ に対して，a のアップ集合 $\uparrow a = \{b \in L \mid a \leq b\}$ は L のフィルターとなるが，これを a によって生成された**単項フィルター**，あるいは，**主フィルター** (the principal filter generated by a) ともいう．

L 自身は L の最大のフィルターである．L が最大元 1 をもつとき，L の任意のフィルター F について，$1 \in F$ となる．そして，$\uparrow 1 = \{1\}$ は最大元 1 をもつ束 L の最小のフィルターである．

L のフィルターのうち，L 自身でないものを**固有フィルター** (proper filter) という．つまり，0 をもつ束においては，$F \subseteq L$ が L の固有フィルターということは，$0 \notin F$ ということと同値である．

定義 1.20 束 L の空でない部分集合 G が次の 2 つの条件を満たすとき，L の**イデアル** (ideal) という：任意の $a, b \in L$ について，

1. $a, b \in G$ ならば $a \vee b \in G$
2. ($a \in G$ かつ $b \leq a$) ならば $b \in G$

注意 1.11 この定義 1.20 において，条件 2 から，$a, b \in G$ のとき，$a \wedge b \leq a$ (あるいは，$a \wedge b \leq b$) から $a \wedge b \in G$ となるので，このことと，条件 1 とから，L のイデアルは L の部分束である．

$a \in L$ に対して，a のダウン集合 $\downarrow a = \{b \in L \mid b \leq a\}$ は L のイデアルであるが，これを a によって生成された**単項イデアル**，あるいは，**主イデアル** (the principal ideal generated by a) ともいう．

L 自身は L の最大のイデアルである．L が最小元 0 をもつとき，L の任意のイデアル G について，$0 \in G$ となる．そして，$\downarrow 0 = \{0\}$ は最小元 0 をもつ束 L の最小のイデアルである．L のイデアルのうち，L 自身でないものを**固有イデアル** (proper ideal) という．つまり，1 をもつ束においては，$G \subseteq L$ が L の固有イデアルということは，$1 \notin G$ ということと同値である．

なお，フィルターとイデアルは双対な概念である．

定義 1.21 束 L の固有フィルターのうち，$\subseteq$ の関係に関して極大なものが存在するとき，つまり，L の任意の固有フィルター X について，

$$F \subseteq X \Longrightarrow X = F$$

となる L の固有フィルター F が存在するとき，F を L の**極大フィルター** (maximal filter) という．言い換えれば，$F \subsetneq X$ となるような固有フィルター X が存在しないとき，固有フィルター F を L の極大フィルターという．

同様に，束 L の固有イデアルのうち，部分集合 $\subseteq$ の関係に関して極大なものが存在するとき，つまり，L の任意の固有イデアル X について，

1.3. 束の性質

$$G \subseteq X \Longrightarrow X = G$$

となる L の固有イデアル G が存在するとき，G を L の**極大イデアル** (maximal ideal) という．言い換えれば，$G \subsetneq X$ となるような固有イデアル X が存在しないとき，固有イデアル G を L の極大イデアルという．

定義 1.22 L を束とし，A_0 を L の空でない部分集合とする．このとき，

$$\bigcap \{A \mid A_0 \subseteq A \subseteq L,\ A は L のフィルター \}$$

を A_0 によって生成された L のフィルターという．

なお，$A_0 \neq \emptyset$ によって生成された L のフィルターは，実際にフィルターであり，A_0 を部分集合として含む L のフィルターの中で最小ものであることはほとんど明らかであろう．また，L が最大元 1 をもつとき，空集合によって生成される L のフィルターを考えることができる．それは，**単集合 (1 元集合，1 点集合)** (singleton) $\{1\}$ である．

定義 1.23 L を束とし，A_0 を L の空でない部分集合とする．このとき，

$$\bigcap \{A \mid A_0 \subseteq A \subseteq L,\ A は L のイデアル \}$$

を A_0 によって生成された L のイデアルという．

なお，$A_0 \neq \emptyset$ によって生成された L のイデアルは，実際にイデアルであり，A_0 を部分集合として含む L のイデアルの中で最小ものであることはほとんど明らかであろう．また，L が最小元 0 をもつとき，空集合によって生成される L のイデアルを考えることができる．それは，単集合 $\{0\}$ である．

命題 1.13 L を束とし，A_0 を L の空でない部分集合とする．このとき，次が成り立つ：

1. A_0 によって生成される L のフィルター F は次のように表現できる：
$$F = \{a \in L \mid \exists a_1, a_2, \cdots, a_n \in A_0 :\ a_1 \wedge a_2 \wedge \cdots \wedge a_n \leq a\}$$

2. A_0 によって生成される L のイデアル G は次のように表現できる：
$$G = \{a \in L \mid \exists a_1, a_2, \cdots, a_n \in A_0 :\ a \leq a_1 \vee a_2 \vee \cdots \vee a_n\}$$

証明 1: $F_0 := \bigcap\{A \mid A_0 \subseteq A \subseteq L, A \text{ は } L \text{ のフィルター}\}$

$$F := \{a \in L \mid \exists a_1, a_2, \cdots, a_n \in A_0 : a_1 \wedge a_2 \wedge \cdots \wedge a_n \leq a\}$$

として, $F_0 = F$ を示す. $F \subseteq F_0$ については, F の定義と, F_0 が A_0 を部分集合として含む L のフィルターであることから明らか. 逆については, まず, 任意の $a \in A_0$ に対して, $a \leq a$ から, $a \in F$ となり, $A_0 \subseteq F$ となる. そして, F はフィルターの 2 条件を満たしている. つまり, F は A_0 を部分集合として含む L のフィルターである. F_0 は A_0 を部分集合として含む L のフィルターのうち最小のものなので, $F_0 \subseteq F$.

2: 上記 1 と同様. □

この命題 1.13 からわかるように, $a \in L$ に対して, 単項フィルター $\uparrow a = \{b \in L \mid a \leq b\}$ は単集合 $\{a\}$ によって生成された L のフィルターである. また, 単項イデアル $\downarrow a = \{b \in L \mid b \leq a\}$ は $\{a\}$ によって生成されたイデアルである.

また, L の有限部分集合 $\{a_1, a_2, \cdots, a_n\}$ によって生成されたフィルターは単項フィルター $\uparrow(a_1 \wedge a_2 \wedge \cdots \wedge a_n)$ と同じものであり, $\{a_1, a_2, \cdots, a_n\}$ によって生成されたイデアルは, 単項イデアル $\downarrow(a_1 \vee a_2 \vee \cdots \vee a_n)$ と同じものである.

命題 1.14 L を束とし, $a \in L$ とする. このとき, 次が成り立つ:

1. L の任意のフィルター F に対し, $F_a := \{b \in L \mid \exists c \in F : a \wedge c \leq b\}$ は集合 $F \cup \{a\}$ によって生成された L のフィルターである
2. L の任意のイデアル G に対し, $G_a := \{b \in L \mid \exists c \in G : b \leq a \vee c\}$ は集合 $G \cup \{a\}$ によって生成された L のイデアルである

証明 1: F を束 L のフィルターとし, $a \in L$ とする. このとき, 上記命題 1.13 の 1 により, 次の 2 つの集合 F_a と F_0:

$$F_a = \{b \in L \mid \exists c \in F : a \wedge c \leq b\}$$

$$F_0 := \{b \in L \mid \exists a_1, a_2, \cdots, a_n \in F \cup \{a\} : a_1 \wedge a_2 \wedge \cdots \wedge a_n \leq b\}$$

が等しいことを示せばよい. $F_a \subseteq F_0$ はほとんど明らかである. 逆の $F_0 \subseteq F_a$ については, $b \in F_0$ とすると, $a_1 \wedge a_2 \wedge \cdots \wedge a_n \leq b$ となる $a_1, a_2, \cdots, a_n \in F \cup \{a\}$ が存在する.

1.3. 束の性質

(1)：まず，$a_1, a_2, \cdots, a_n$ の中に a が入っている場合を考える．たとえば，$a_n = a \ (n \geq 2)$ としよう．すると，$a_1, a_2, \cdots, a_{n-1} \in F$ となる．そして，F はフィルターなので，$c := a_1 \wedge a_2 \wedge \cdots \wedge a_{n-1}$ とすれば，$c \in F$ となり，$\exists c \in F : a \wedge c \leq b$ となる．つまり，$b \in F_a$．また，$n = 1$ で $a_n = a$ の場合は，$a \leq b$ なので，適当な $c \in F$ をとれば，$a \wedge c \leq a \leq b$ となり，$\exists c \in F : a \wedge c \leq b$ となる．この場合も $b \in F_a$ となる．

(2)：次に，$a_1, a_2, \cdots, a_n$ の中に a がない場合，$c := a_1 \wedge a_2 \wedge \cdots \wedge a_n$ とすると，$c \in F$ となり，$c \leq b$ となる．よって，$a \wedge c \leq c \leq b$ となり，$\exists c \in F : a \wedge c \leq b$ となる．したがって，$b \in F_a$ となる．

(1), (2) から，$F_0 \subseteq F_a$．

2：上の 1 と同様． □

命題 1.15 L を束とする．このとき，次が成り立つ：

1. $\mathcal{A}$ を L のフィルターからなる鎖とする．このとき，$\bigcup \mathcal{A}$ も L のフィルターである．さらに，束 L が最小元 0 をもち，$\mathcal{A}$ を L の固有フィルターからなる鎖とすると，$\bigcup \mathcal{A}$ も L の固有フィルターである．
2. $\mathcal{A}$ を L のイデアルからなる鎖とする．このとき，$\bigcup \mathcal{A}$ も L のイデアルである．さらに，束 L が最大元 1 をもち，$\mathcal{A}$ を L の固有イデアルからなる鎖とすると，$\bigcup \mathcal{A}$ も L の固有イデアルである．

証明 鎖，フィルター，固有フィルター，イデアル，固有イデアルなどの定義からほとんど明らか． □

命題 1.16 L を束とする．このとき，次が成り立つ：

1. L が最小元 0 をもつとき，L の任意の固有フィルターは，ある極大フィルターに部分集合として含まれる
2. L が最大元 1 をもつとき，L の任意の固有イデアルは，ある極大イデアルに部分集合として含まれる

証明 1：$\mathcal{F} := \{F \subseteq L \mid F \text{ は } L \text{ の固有フィルター}\}$ とする．上記命題 1.15, 1 の後半部分から，順序集合 $\mathcal{F}$ の任意の鎖 $\mathcal{A} \subseteq \mathcal{F}$ は $\mathcal{F}$ において上界 $\bigcup \mathcal{A}$ をもつ．よって，ツォルンの補題により，各固有フィルター $F \in \mathcal{F}$ に対して，$F \subseteq F_0$ となる $\mathcal{F}$ の極大フィルター F_0 が存在する．

2：1 と同様． □

命題 1.17 L を束とする．このとき，次が成り立つ：

1. L が最小元 0 をもつとき，L の任意の元 $a \neq 0$ に対し，$a \in F$ となる L の極大フィルター F が存在する
2. L が最大元 1 をもつとき，L の任意の元 $a \neq 1$ に対し，$a \in G$ となる L の極大イデアル G が存在する

証明 1：最小元 0 をもつ束 L の任意の元 $a \neq 0$ をとる．このとき，単項フィルター $\uparrow a$ は固有フィルターである．そして，上記命題 1.16, 1 から，この $\uparrow a$ に対し，$a \in \uparrow a \subseteq F$ となる L の極大フィルター F が存在する．

2：1 と同様． □

命題 1.18 L を，2 つ以上の元をもつ束とする．このとき，L が最小元 0 をもてば，L は極大フィルターをもつ．また，L が最大元 1 をもてば，L は極大イデアルをもつ．

証明 2 つ以上の元をもつ束 L が最小元 0 をもつとする．このとき，上記命題 1.17, 1 から，$a \neq 0$ となる L の元 a に対して，$a \in F$ となる L の極大フィルター F が存在する．極大イデアルに関しても同様． □

さて，本節最後に，2 つの束の構造について比較・考察するときに必要になる重要な概念を定義する．

定義 1.24 2 つの束 $\langle L_1, \vee_1, \wedge_1 \rangle$, $\langle L_2, \vee_2, \wedge_2 \rangle$ に対し，L_1 から L_2 への写像 f が次の 2 つの条件を満たすとき，f を L_1 から L_2 への**束準同型写像**，あるいは**束準同型** (lattice homomorphism) という：任意の $a, b \in L_1$ について，

1. $f(a \vee_1 b) = f(a) \vee_2 f(b)$
2. $f(a \wedge_1 b) = f(a) \wedge_2 f(b)$

注意 1.12 束のみならず，一般に群などの代数系に関して，準同型写像 f が単射あるいは全射のとき，それをそれぞれ**単射準同型** (monomorphism) あるいは**全射準同型** (epimorphism) という．さらに，f が全単射のとき，それを**同型写像**あるいは単に**同型** (isomorphism) という．同型写像が存在するとき，2 つの束 (代数系) は構造的に同じなので，しばしば同一視される．

1.3. 束の性質

なお, $f: L_1 \longrightarrow L_2$ が単射準同型のとき, L_1 と f による L_1 の像 $f(L_1)$ は同型となる. このとき, f を L_1 の L_2 への **埋め込み** (embedding) という. L_1 から L_2 への埋め込みが存在するとき, L_1 は L_2 へ **埋め込み可能** (embeddable) であるという. f が L_1 から L_2 への埋め込みのとき, $f: L_1 \hookrightarrow L_2$ とも書く. また, 単射準同型 $f: L_1 \longrightarrow L_2$ では, 任意の $a, b \in L_1$ について, $a \leq_{L_1} b \iff f(a) \leq_{L_2} f(b)$ となる.

2つの束 (代数系) L_1 と L_2 が同型のとき, それを $L_1 \cong L_2$ と表わす. $f: L_1 \longrightarrow L_2$ が同型写像のとき, 逆写像 $f^{-1}: L_2 \longrightarrow L_1$ も同型写像である. 写像 f がある束 (代数系) から自分自身への準同型写像, 同型写像であるとき, それをそれぞれ, **自己準同型写像** (endomorphism), **自己同型写像** (automorphism) という.

ところで, ある集合上の関係が反射律, 対称律, 推移律を満たすとき, それを **同値関係** というが, 同型関係 $\cong$ は同値関係となる.

定義 1.25 h を束 L_1 から束 L_2 への準同型写像とする. そして, 任意の $\{a_i\}_{i \in I} \subseteq L_1$ について, $\bigvee_{i \in I}^{L_1} a_i$ および $\bigwedge_{i \in I}^{L_1} a_i$ が L_1 において存在するとする. このとき, もし, 2つの等式:

$$h(\bigvee_{i \in I}^{L_1} a_i) = \bigvee_{i \in I}^{L_2} h(a_i), \quad h(\bigwedge_{i \in I}^{L_1} a_i) = \bigwedge_{i \in I}^{L_2} h(a_i)$$

がともに成り立つならば, h は結びと交わりを **保存** (preserve) するという. 特に, 添字集合 I が無限集合のときは, それを強調して, 無限 join と無限 meet を保存するということがある. これは, 添字集合 I が有限集合のときは, 準同型写像が結び $\vee$ と交わり $\wedge$ を保存することから上の2つの等式は常に成り立つが, 無限の添字集合については, 必ずしもそうでないからである.

注意 1.13 この定義における添字集合 I が無限集合のとき, 必ずしも, 結びと交わりを保存するとはいえない. いま, $\{a_i\}_{i \in I} \subseteq L_1$ について, $\bigvee_{i \in I}^{L_1} a_i$ が存在するとしよう. このとき, 各 $i \in I$ について, $a_i \leq \bigvee_{i \in I}^{L_1} a_i$ なので, $h(a_i) \leq h(\bigvee_{i \in I}^{L_1} a_i)$ となる. よって, $\bigvee_{i \in I}^{L_2} h(a_i) \leq h(\bigvee_{i \in I}^{L_1} a_i)$ (ただし, $\bigvee_{i \in I}^{L_2} h(a_i)$ が存在するとして). ここまではつねに正しいが, この最後の式中の順序 $\leq$ を等号 $=$ で置き換えることは一般的にはできない.

同じく, 交わりについても, $\bigwedge_{i \in I}^{L_1} a_i$ および $\bigwedge_{i \in I}^{L_2} h(a_i)$ がともに存在するとして, $h(\bigwedge_{i \in I}^{L_1} a_i) \leq \bigwedge_{i \in I}^{L_2} h(a_i)$ まではつねに正しいが, この式中の順序 $\leq$ を等号 $=$ で置き換えることは一般的にはできない.

しかし，h が同型写像のときは次の命題が示すように，結びと交わりをつねに保存する．

命題 1.19 h を束 L_1 から束 L_2 への同型写像とする．このとき，h は L_1 において存在する任意の (有限あるいは無限の) 結びと交わりを保存する．

証明 任意の $\{a_i\}_{i \in I} \subseteq L_1$ について，次の 2 つの等式を示せばよい：

1. $\bigvee_{i \in I}^{L_2} h(a_i) = h(\bigvee_{i \in I}^{L_1} a_i)$
2. $\bigwedge_{i \in I}^{L_2} h(a_i) = h(\bigwedge_{i \in I}^{L_1} a_i)$

1 について：$h(\bigvee_{i \in I}^{L_1} a_i)$ が $\{h(a_i)\}_{i \in I}$ の L_2 における上限であることを示せばよい．まず，各 $i \in I$ について，$a_i \leq \bigvee_{i \in I}^{L_1} a_i$ なので，$h(a_i) \leq h(\bigvee_{i \in I}^{L_1} a_i)$．

次に，各 $i \in I$ について，$h(a_i) \leq c$ ($c \in L_2$) と仮定する．このとき，h は全射なので，$h(a) = c$ となる $a \in L_1$ が存在する．よって，$h(a_i) \leq h(a)$ となる．h は単射でもあるので，各 $i \in I$ について，$a_i \leq a$ となり，$\bigvee_{i \in I}^{L_1} a_i \leq a$ となる．よって，$h(\bigvee_{i \in I}^{L_1} a_i) \leq h(a) = c$ となる．

2 について：上の 1 と同様． □

1.4 $\bigcap$-構造と $\bigcup$-構造

この節では，順序集合などがどのような条件のもとで完備束になるかを考察する．次の定義は，定義 1.25 を順序集合に適用したものである．

定義 1.26 X, Y を順序集合とし，φ を X から Y への写像とする．このとき，$\bigvee A$ が存在する任意の $A \subseteq X$ について，$\bigvee \varphi(A)$ も Y において存在し，かつ $\varphi(\bigvee A) = \bigvee \varphi(A)$ のとき，φ は **結びを保存する**という．**交わりを保存する**も同様に定義される．

次は，前節末の注意 1.13 と命題 1.19 を順序集合に適用したものである．

命題 1.20 X, Y を順序集合とし，$\varphi : X \longrightarrow Y$ を順序保存写像とする．このとき，次が成り立つ：

1. $A \subseteq X$ について，$\bigvee A$ が X において存在し，$\bigvee \varphi(A)$ も Y において存在するとする．このとき，$\bigvee \varphi(A) \leq \varphi(\bigvee A)$ となる．

1.4. $\bigcap$-構造と $\bigcup$-構造

2. $A \subseteq X$ について，$\bigwedge A$ が X において存在し，$\bigwedge \varphi(A)$ も Y において存在するとする．このとき，$\varphi(\bigwedge A) \leq \bigwedge \varphi(A)$ となる．
3. $\varphi : X \longrightarrow Y$ がさらに順序同型のとき，φ は結びおよび交わりを保存する．

次の命題は，前節の注意 1.9 の 2 で述べたことの別表現である．

命題 1.21 X を順序集合とし，P を X の部分順序集合とする．いま，任意の $A \subseteq P$ をとる．このとき，$\bigvee^X A$ が存在し，P に属するならば，$\bigvee^P A$ も存在し，$\bigvee^P A = \bigvee^X A$ となる．$\bigwedge^P A$ についても同様．

命題 1.22 X を任意の集合とし，$\emptyset \neq L \subseteq \mathcal{P}(X)$ とする．I を任意の添字集合とし，$\{A_i\}_{i \in I} \subseteq L$ とする．このとき，次が成り立つ：

1. $\bigcup_{i \in I} A_i \in L$ ならば，$\bigvee^L_{i \in I} A_i$ が存在し，それは $\bigcup_{i \in I} A_i$ に等しい
2. $\bigcap_{i \in I} A_i \in L$ ならば，$\bigwedge^L_{i \in I} A_i$ が存在し，それは $\bigcap_{i \in I} A_i$ に等しい

つまり，1, 2 から，(完備) 集合束における $\bigvee, \bigwedge$ は，集合演算の $\bigcup, \bigcap$ にそれぞれ等しい．

命題 1.23 X を順序集合とし，X の任意の空でない部分集合について，その下限が存在するとする．このとき，$A^u \neq \emptyset$ となる任意の集合 $A \subseteq X$ について，$\bigvee A$ が X において存在し，$\bigvee A = \bigwedge A^u$ となる．

証明 仮定から，$A^u \neq \emptyset$ なので $\bigwedge A^u$ が X において存在する．ところで，任意の $a \in A$ および任意の $x \in A^u$ について，$a \leq x$ なので $a \leq \bigwedge A^u$．一方，$y \in X$ を A の任意の上界とすると，$y \in A^u$ だから，$\bigwedge A^u \leq y$ となる．よって，$\bigvee A = \bigwedge A^u$. □

系 1.24 X を順序集合とするとき，次の 3 条件は同値である：

1. X は完備束である
2. 任意の $A \subseteq X$ について，$\bigwedge A$ が存在する
3. X は最大元 1 をもち，X の任意の空でない部分集合 A について $\bigwedge A$ が存在する

証明 $1 \Longrightarrow 2$：完備束の定義による.

$2 \Longrightarrow 3$：$\bigwedge \emptyset$ が存在するので，命題 1.1 により，$\bigwedge \emptyset = 1$ が存在する．3 の後半部分は明らか．

$3 \Longrightarrow 1$：3 を仮定すると，命題 1.23 により，$A^u \neq \emptyset$ となる任意の $A \subseteq X$ について，$\bigvee A$ が存在する．また，X は最大元 1 をもつため，$A \subseteq X$ で $A^u = \emptyset$ となる A は存在しない．よって，X の任意の部分集合は上限をもつ．また，3 を仮定すると，命題 1.1 から，空集合を含め，X の任意の部分集合について，その下限が存在することになる．よって，X は完備束である．
□

定理 1.25 X を任意の集合とし，$\emptyset \neq L \subseteq \mathcal{P}(X)$ とする．さらに，部分集合の関係 $\subseteq$ を順序として，L が次の2条件を満たすとする：

1. 任意の添字集合 $I \neq \emptyset$ について，$\{A_i\}_{i \in I} \subseteq L$ ならば，$\bigcap_{i \in I} A_i \in L$
2. $X \in L$

このとき，L は完備束で，次が成り立つ：

$\bigwedge_{i \in I} A_i = \bigcap_{i \in I} A_i$

$\bigvee_{i \in I} A_i = \bigcap \{B \in L \mid \bigcup_{i \in I} A_i \subseteq B\}$

証明 系 1.24 により，L は最大元をもち，任意の空でない L の部分集合について，その下限が存在することを示せばよい．条件 2 から L は最大元 X をもつ．$\{A_i\}_{i \in I}$ を L の任意の空でない部分集合とすると，条件 1 から $\bigcap_{i \in I} A_i \in L$ となり，命題 1.22 の 2 により，$\bigwedge_{i \in I}^{L} A_i$ が存在し，これは $\bigcap_{i \in I} A_i$ に等しい．以上から，L は完備束になる．ところで，X は任意の集合 $\{A_i\}_{i \in I}$ の上界なので，$(\{A_i\}_{i \in I})^u \neq \emptyset$. よって命題 1.23 により，$\bigvee_{i \in I} A_i = \bigvee \{A_i \mid i \in I\}$ が存在し，次が成り立つ：

$$\bigvee \{A_i \mid i \in I\} = \bigwedge \{A_i \mid i \in I\}^u$$
$$= \bigcap \{B \in L \mid \forall i \in I (A_i \subseteq B)\}$$
$$= \bigcap \{B \in L \mid \bigcup_{i \in I} A_i \subseteq B\}$$
□

定義 1.27 集合 X およびその部分集合族 $L \neq \emptyset$ が定理 1.25 の条件 1 を満たすとき，L を X 上の $\bigcap$-**構造** (intersection structure) といい，さらに条件 2 も満たすとき，X 上の**トップ** $\bigcap$-**構造** (topped intersection structure) とい

1.4. ∩-構造と∪-構造

う．これは，トップ(最大元)を含み，演算 $\bigcap$ について閉じている構造という意味である．

つまり，定理 1.25 はトップ $\bigcap$-構造は完備束であることを示している．

例 1.3 (位相空間論については，第 4 章を参照) 位相空間 X の**閉集合**全体 $\mathcal{C}_X$ について考える．$\mathcal{C}_X$ は有限個の元をとった場合，それらの和集合と共通集合の演算について閉じている．つまり，$A, B \in \mathcal{C}_X$ のとき $A \vee B := A \cup B$, $A \wedge B := A \cap B$ とすると，$\mathcal{C}_X$ は束 (集合束) となる．さらに，$X \in \mathcal{C}_X$ であり，任意個の閉集合の共通集合は閉集合なので，$\mathcal{C}_X$ は定理 1.25 の 2 条件を満たしている．よって，$\mathcal{C}_X$ は X 上のトップ $\bigcap$-構造 となり，代数 $\langle \mathcal{C}_X, \vee, \wedge, \bigvee, \bigwedge \rangle$ は完備束になる．ここで，任意個の元からなる閉集合族の上限は，それらの和集合の**閉包** (closure) となる．したがって，$\{A_i\}_{i \in I} \subseteq \mathcal{C}_X$ とすると，次が成り立つ：

$$\bigwedge_{i \in I} A_i = \bigcap_{i \in I} A_i$$
$$\bigvee_{i \in I} A_i = \bigcap \{B \in \mathcal{C}_X \mid \bigcup_{i \in I} A_i \subseteq B\} = (\bigcup_{i \in I} A_i)^-$$
ただし，$^-$ は**閉包作用素**

さて，上記のトップ $\bigcap$-構造と双対の構造がこれから述べるボトム $\bigcup$-構造である．まず，最初に命題 1.23 の双対命題を述べる：

命題 1.26 X を順序集合とし，X の任意の空でない部分集合について，その上限が存在するとする．このとき，$A^l \neq \emptyset$ となる任意の集合 $A \subseteq X$ について，$\bigwedge A$ が X において存在し，$\bigwedge A = \bigvee A^l$ となる．

次に，上記命題の系を示す：

系 1.27 X を順序集合とするとき，次の 3 条件は同値である：

1. X は完備束である
2. 任意の $A \subseteq X$ について，$\bigvee A$ が存在する
3. X は最小元 0 をもち，X の任意の空でない部分集合 A について $\bigvee A$ が存在する

証明 $1 \Longrightarrow 2$ は明らか. $2 \Longrightarrow 3$ は,命題 1.1 から明らか.そこで,$3 \Longrightarrow 1$ を示す.3 を仮定すると,命題 1.26 から,$A^l \neq \emptyset$ となる任意の集合 $A \subseteq X$ について $\bigwedge A$ が存在する.また,X は最小元をもつので,$A \subseteq X$ で $A^l = \emptyset$ となる A は存在しない.つまり,X はそのすべての部分集合 A について $\bigwedge A$ が存在する.一方,X が最小元をもつことから,命題 1.1 により $\bigvee \emptyset$ も存在する.つまり,X の任意の部分集合 A について $\bigvee A$ が存在することになる.よって,X は完備束である. □

ここで,系 1.24 と系 1.27 をまとめて,命題として記しておく.

命題 1.28 X を順序集合とするとき,次の 5 条件は同値である:

1. X は完備束である
2. 任意の $A \subseteq X$ について,$\bigvee A$ が存在する
3. 任意の $A \subseteq X$ について,$\bigwedge A$ が存在する
4. X は最小元 0 をもち,X の任意の空でない部分集合 A について $\bigvee A$ が存在する
5. X は最大元 1 をもち,X の任意の空でない部分集合 A について $\bigwedge A$ が存在する

つまり,束 L において,任意の $A \subseteq L$ について,$\bigvee A$ が存在するだけで完備束になるし,また,$\bigwedge A$ が存在するだけでも完備束になる.これはしばしば使う束の重要な性質である.次は定理 1.25 の双対である.

定理 1.29 X を任意の集合とし,$\emptyset \neq L \subseteq \mathcal{P}(X)$ とする.さらに,部分集合の関係 $\subseteq$ を順序として,L が次の 2 条件を満たすとする:

1. 任意の添字集合 $I \neq \emptyset$ について,$\{A_i\}_{i \in I} \subseteq L$ ならば,$\bigcup_{i \in I} A_i \in L$
2. $\emptyset \in L$

このとき,L は完備束で,次が成り立つ:
$$\bigvee\nolimits_{i \in I} A_i = \bigcup\nolimits_{i \in I} A_i$$
$$\bigwedge\nolimits_{i \in I} A_i = \bigcup\{B \in L \mid B \subseteq \bigcap\nolimits_{i \in I} A_i\}$$

定義 1.28 集合 X およびその部分集合族 $L \neq \emptyset$ が定理 1.29 の条件 1 を満たすとき,L を X 上の $\bigcup$-**構造** (union structure) といい,さらに条件 2 も満たすとき,X 上の**ボトム** $\bigcup$-**構造** (bottomed union structure) という.

1.4. $\bigcap$-構造と $\bigcup$-構造

例 1.4 位相空間 X の**開集合**全体 $\mathcal{O}_X$ について考える．$\mathcal{C}_X$ の場合と同様，$\mathcal{O}_X$ は有限個の元をとった場合，それらの和集合と共通集合の演算について閉じている．つまり，$A, B \in \mathcal{O}_X$ のとき $A \vee B := A \cup B$, $A \wedge B := A \cap B$ とすると，$\mathcal{O}_X$ は束 (集合束) となる．さらに，$\emptyset \in \mathcal{O}_X$ であり，任意個の開集合の和集合は開集合なので，$\mathcal{O}_X$ は定理 1.29 の 2 条件を満たしている．よって，$\mathcal{O}_X$ は X 上のボトム $\bigcup$-構造であり，代数 $\langle \mathcal{O}_X, \vee, \wedge, \bigvee, \bigwedge \rangle$ は完備束になる．ここで，任意個の元からなる開集合族の下限は，それらの共通集合の**内部 (開核)**(interior) となる．したがって，$\{A_i\}_{i \in I} \subseteq \mathcal{O}_X$ とすると，次が成り立つ：

$$\bigvee_{i \in I} A_i = \bigcup_{i \in I} A_i$$

$$\bigwedge_{i \in I} A_i = \bigcup \{B \in \mathcal{O}_X \mid B \subseteq \bigcap_{i \in I} A_i\} = (\bigcap_{i \in I} A_i)^\circ$$

ただし，$^\circ$ は**内部 (開核) 作用素**

命題 1.30 X を完備束とする．このとき，X 上のトップ $\bigcap$-構造 L が存在し，$X \cong L$ となる．

証明 X を完備束とする．このとき，X から X のダウン集合全体 $\mathcal{D}(X)$ への写像 $\varphi : X \longrightarrow \mathcal{D}(X)$ を $X \ni x \mapsto \downarrow x \in \mathcal{D}(X)$ で定義すると，φ は順序埋め込み写像となる．また，$L := \varphi(X) = \{\downarrow x \in \mathcal{D}(X) \mid x \in X\}$ とすると，$X \cong L$ となる．

次に，L が X 上のトップ $\bigcap$-構造であることを示す．X は最大元 1 をもつので，$\downarrow 1 = X \in L$ となる．また，$I \neq \emptyset$ について，$\{\downarrow x_i\}_{i \in I} \subseteq L$ とすると，命題 1.2 の 8, 12 により，

$$\varphi(\bigwedge_{i \in I} x_i) = \downarrow (\bigwedge_{i \in I} x_i) = \bigcap_{i \in I} \downarrow x_i \in L$$

となる．よって，L は X 上のトップ $\bigcap$-構造になる． $\square$

本節最後に，完備束に関する不動点定理を述べておく．写像 $f : X \longrightarrow X$ において $f(x) = x$ となる $x \in X$ を写像 f の**不動点**という．完備束について，次の有名な Knaster-Tarski の不動点定理が成り立つ：

定理 1.31 X を完備束とし，$f : X \longrightarrow X$ を順序保存写像とする．このとき，

$$a := \bigvee \{x \in X \mid x \leq f(x)\}, \quad b := \bigwedge \{x \in X \mid f(x) \leq x\}$$

で $a, b \in X$ を定義すると，a は f の最大の不動点であり，b は f の最小の不動点である．

証明 $A := \{x \in X \mid x \leq f(x)\}$ とおく．任意の $x \in A$ について，$x \leq a$ となるので，$x \leq f(x) \leq f(a)$ となる．つまり，$f(a)$ は A の上界だから，$a \leq f(a)$．

さらに，この $a \leq f(a)$ から $f(a) \leq f(f(a))$ となるので，$f(a) \in A$ である．よって，$f(a) \leq a$ となる．以上から，$f(a) = a$．

なお，a' を f の任意の不動点とすると，$a' \leq f(a')$ を満たすので $a' \in A$．よって，$a' \leq a$ となり，a は f の最大不動点となる．

b についても同様にして示される． □

1.5　トップ$\bigcap$-構造と閉包作用素

本節では，閉包作用素という概念を使って完備束を構築することを考える．

定義 1.29 X を順序集合とする．写像 $c : X \longrightarrow X$ が次の3条件を満たすとき，それを X 上の**閉包作用素**という：任意の $x, y \in X$ について，

1. $x \leq c(x)$　　　　　　　　（増大性）
2. $x \leq y \implies c(x) \leq c(y)$　　（順序保存性，単調性）
3. $c(c(x)) = c(x)$　　　　　　（ベキ等性）

また，$x \in X$ が $c(x) = x$ という条件を満たすとき，x を**閉じている** (closed) といい，X の元のうち，c に関して閉じている元の集合を X_c で表わす：

$$X_c := \{x \in X \mid c(x) = x\}$$

位相空間 X における閉包作用素 $^- : \mathcal{P}(X) \longrightarrow \mathcal{P}(X)$ はまさに上記3条件を満たすものである．つまり，X の閉集合全体を $\mathcal{C}_X$ として，

$$\mathcal{P}(X)_- = \mathcal{C}_X = \{A \subseteq X \mid A^- = A\}$$

となる．なお，順序集合が，ある集合 X について，$\langle \mathcal{P}(X), \subseteq \rangle$ の形をしているとき，$\mathcal{P}(X)$ 上の閉包作用素を大文字の C で表わし，その C を X 上の閉包作用素という．

1.5. トップ$\bigcap$-構造と閉包作用素

命題 1.32 X を順序集合とし，c を X 上の閉包作用素とする．このとき，次が成り立つ：

1. $X_c = \{c(x) \mid x \in X\}$
2. $\mathbb{1} \in X$ のとき $\mathbb{1} \in X_c$
3. X が完備束のとき，次が成り立つ：
   (1) 任意の $x \in X$ について，$c(x) = \bigwedge^X \{y \in X_c \mid x \leq y\}$
   (2) X_c が X の順序について完備束になり，次が成り立つ：
       任意の $S \subseteq X_c$ について，$\bigwedge^{X_c} S = \bigwedge^X S$, $\bigvee^{X_c} S = c(\bigvee^X S)$

証明 1： 定義から，$X_c = \{x \in X \mid c(x) = x\}$．いま，$A := \{c(x) \mid x \in X\}$ とし，$A = X_c$ を示す．$X_c \subseteq A$ については明らか．逆に，$A \subseteq X_c$ については，$a \in A$ とすると，$a = c(x)$ となる $x \in X$ が存在する．よって，$c(a) = c(c(x)) = c(x) = a$ となり，$a \in X_c$．

2： $\mathbb{1} \in X$ とすると，$\mathbb{1} \leq c(\mathbb{1})$ により $c(\mathbb{1}) = \mathbb{1}$．つまり，$\mathbb{1} \in X_c$．

3： (1) $x \in X$ とし，$A := \{y \in X_c \mid x \leq y\}$ とする．このとき，任意の $y \in A$ について，$x \leq y$ から $c(x) \leq c(y) = y$ となるので，$c(x)$ は A の下界である．一方，$c(x) \in X_c$ で，$x \leq c(x)$ だから $c(x) \in A$ となる．つまり，$c(x)$ は A の最大下界 $\bigwedge^X \{y \in X_c \mid x \leq y\}$ である．

(2) X が完備束のとき X_c も完備束になることを示すには，系 1.24 により，$\mathbb{1} \in X_c$ であり，任意の空でない $S \subseteq X_c$ について，$\bigwedge^{X_c} S$ が X_c において存在することを示せばよい．

まず，$\mathbb{1} \in X$ なので $\mathbb{1} \in X_c$ は上記 2 により明らか．次に，S を空でない X_c の部分集合とする．$\bigwedge^X S \in X_c$ となれば，命題 1.21 により $\bigwedge^{X_c} S = \bigwedge^X S \in X_c$ となる．ところで，任意の $s \in S$ について，$c(\bigwedge^X S) \leq c(s) = s$ であるから，$c(\bigwedge^X S) \leq \bigwedge^X S$．一方，$\bigwedge^X S \leq c(\bigwedge^X S)$ なので，$\bigwedge^X S = c(\bigwedge^X S) \in X_c$．つまり，$\bigwedge^{X_c} S$ が X_c において存在する．よって X_c も完備束になる．なお，X の部分順序集合である X_c の順序 $\leq$ は X の順序と同じものである．

さてこのとき，$\bigvee^{X_c} S$（ただし，S は X_c の任意の空でない部分集合）については次のようになる：

$$\bigvee^{X_c} S = \bigwedge^{X_c} S^u \quad (\text{命題 1.23 より})$$
$$= \bigwedge^{X_c} \{y \in X_c \mid \forall s \in S : s \leq y\}$$
$$= \bigwedge^{X} \{y \in X_c \mid \forall s \in S : s \leq y\}$$

$$= \bigwedge{}^X \{y \in X_c \mid \bigvee{}^X S \leq y\} \quad (\text{注 1.9 の 1 より})$$
$$= c(\bigvee{}^X S) \quad (\text{上記 3 の (1) より})$$

なお，$S = \emptyset$ のときは，$\bigvee^{X_c} \emptyset = \bigvee^X \emptyset = 0$ となる． □

定理 1.33 X を任意の集合とし，C を X 上の閉包作用素とする．このとき，$\mathcal{P}(X)$ の C に関して閉じた元全体：

$$L_C := \{A \subseteq X \mid C(A) = A\}$$

は X 上のトップ $\bigcap$-構造であり，完備束（順序は $\subseteq$）となる．そのとき，$\{A_i\}_{i \in I} \subseteq L_C$ の交わりと結びは

$$\bigwedge_{i \in I} A_i = \bigcap_{i \in I} A_i, \quad \bigvee_{i \in I} A_i = C(\bigcup_{i \in I} A_i)$$

で与えられる．

逆に，X 上のトップ $\bigcap$-構造 L が与えられたとき，次の定義により，

$$C_L(A) := \bigcap\{B \in L \mid A \subseteq B\} \quad \text{ただし，} A \in L \subseteq \mathcal{P}(X)$$

X 上の閉包作用素 C_L が得られる．

証明 前半：$\langle \mathcal{P}(X), \cup, \cap, \bigcup, \bigcap \rangle$ は完備束なので，命題 1.32 により，X 上の閉包作用素 C に関する $\mathcal{P}(X)$ の閉じた元全体

$$L_C := \{A \subseteq X \mid C(A) = A\}$$

は完備束（ただし，順序は $\subseteq$）になり，X 上のトップ $\bigcap$-構造にもなる．

後半：$C_L(A) := \bigcap\{B \in L \mid A \subseteq B\}$ としたとき，C_L は閉包作用素の 3 条件を満たしていることを示す．まず，$A \subseteq C_L(A)$ は明らか．次に，$A \subseteq B \Longrightarrow C_L(A) \subseteq C_L(B)$ についても，C_L の定義から明らか．最後に $C_L(C_L(A)) = C_L(A)$ を示す．$C_L(A) \subseteq C_L(C_L(A))$ は明らかなので，$C_L(C_L(A)) \subseteq C_L(A)$ を示す．ここで，

$$C_L(C_L(A)) = C_L(\bigcap\{B \in L \mid A \subseteq B\})$$
$$= \bigcap\{D \in L \mid \bigcap\{B \in L \mid A \subseteq B\} \subseteq D\}$$

であり，$C_L(A) = \bigcap\{D \in L \mid A \subseteq D\}$ である．ここで，$A \subseteq D \in L$ のとき，$D \in \{B \in L \mid A \subseteq B\}$ なので，$\bigcap\{B \in L \mid A \subseteq B\} \subseteq D$ となる．よって，

$$\{D \in L \mid A \subseteq D\} \subseteq \{D \in L \mid \bigcap\{B \in L \mid A \subseteq B\} \subseteq D\}$$

1.6. ガロア対応

となり，
$$\bigcap\{D \in L \mid \bigcap\{B \in L \mid A \subseteq B\} \subseteq D\} \subseteq \bigcap\{D \in L \mid A \subseteq D\}$$
となる．つまり，$C_L(C_L(A)) \subseteq C_L(A)$． □

この定理により，集合 X 上のトップ $\bigcap$-構造から X 上の閉包作用素を構成でき，その逆もできることになる．

例 1.5 X を順序集合とする．$A \in \mathcal{P}(X)$ に対してそのダウン集合 $\downarrow A \in \mathcal{P}(X)$ を対応させる写像 $\downarrow : \mathcal{P}(X) \longrightarrow \mathcal{P}(X)$ は X 上の閉包作用素とみなせる．つまり，$A, B \in \mathcal{P}(X)$ に対して：

1. $A \subseteq \downarrow A$：明らか．
2. $A \subseteq B \Longrightarrow \downarrow A \subseteq \downarrow B$：これもほぼ明らか．
3. $\downarrow(\downarrow A) = \downarrow A$：$\downarrow(\downarrow A) \subseteq \downarrow A$ を示せば十分であるが，これは練習問題とする．

なお，この閉包作用素 $\downarrow$ に対するトップ $\bigcap$-構造 L は
$$L = \{A \subseteq X \mid \downarrow A = A\}$$
となるが，$\downarrow A = A$ という条件は，A がダウン集合であることと同値であるから，$L = \mathcal{D}(X)$ となる．

1.6 ガロア対応

この節と次の節では，ガロア理論に由来するガロア対応を取り上げ，それと順序集合や閉包作用素との関係を考える．

定義 1.30 X, Y を順序集合とする．2 つの写像 $\alpha : X \longrightarrow Y$，$\beta : Y \longrightarrow X$ の対 (α, β) が次の条件を満たすとき，それを X, Y 間の**ガロア対応** (Galois Connection) という：任意の $x \in X, y \in Y$ に対して，
$$\alpha(x) \leq_Y y \Longleftrightarrow x \leq_X \beta(y)$$

以下において，混乱の恐れがないときは，$\leq_X$ や $\leq_Y$ の X, Y を省略する．なお，(α, β) を**剰余対写像** (residuated pair of mappings) などということもある．また，α, β が上記条件を満たすとき，圏論の用語を使って，α を β の

左随伴 (左アジョイント) であるといい, β を α の右随伴 (右アジョイント) であるという.

例 1.6 次の2条件を満たす代数 $\langle X, \wedge, \vee, \rightarrow, 0 \rangle$ を**ハイティング代数**(Heyting algebra. **Ha** とも書く) という:

1. $\langle X, \wedge, \vee, 0 \rangle$ は最小元 0 をもつ束である
2. X は次の2項演算 $\rightarrow$ について閉じている: 任意の $x, y \in X$ について,

$$x \rightarrow y := \max\{z \in X \mid x \wedge z \leq y\}$$

この $x \rightarrow y$ を, x の y に対する**相対擬補元** (pseudocomplement of x relative to y) という. 一般に, 束において, 任意の2元 x, y について相対擬補元 $x \rightarrow y$ が存在するとき, それを**相対擬補束** (relatively pseudocomplemented lattice) という. そして, 最小元 0 をもつ相対擬補束のことをハイティング代数, あるいは, **擬ブール代数** (pseudo-Boolean algebra) という. 第2章で扱うブール代数は相対擬補束であり, ハイティング代数でもある. また, 位相空間の開集合全体は, 完備ハイティング代数の例として有名である.

ハイティング代数 X では, 任意の元 x について, **擬補元** (pseudocomplement) $\neg x$ が存在し, $\neg x := x \rightarrow 0$ で定義される. 1 も存在し, たとえば, $1 := 0 \rightarrow 0$ として定義される. また, ハイティング代数では, $x \wedge \neg x = 0$ はつねに成り立つが, $x \vee \neg x = 1$ は一般には成り立たない. そして, ハイティング代数がブール代数になるための必要十分条件は, $x \vee \neg x = 1$ がつねに成り立つことである.

さて, ハイティング代数 X の任意の元 x について, 2つの写像 α_x, β_x を次のように定義する: 任意の $a \in X$ に対して,

$$\alpha_x : X \longrightarrow X \; ; \; a \mapsto x \wedge a$$
$$\beta_x : X \longrightarrow X \; ; \; a \mapsto x \rightarrow a$$

さて, X においては, $\rightarrow$ の定義から, 次の関係が成り立つことはほぼ明らか:

(1) $x \wedge z \leq y \iff z \leq x \rightarrow y$

この (1) は, α_x, β_x を使うと,

(2) $\alpha_x(z) \leq y \iff z \leq \beta_x(y)$

1.6. ガロア対応

と書ける．つまり，(α_x, β_x) は，X, X 間のガロア対応である．

なお，ハイティング代数は，最小元 0 を持つ束で，上記 (1) を満たす 2 項演算 → をもつものとしても定義される．ハイティング代数の詳細は第 5 章参照．

例 1.7 上記例 1.6 におけるハイティング代数と双対的な代数である**ブラウワー代数** (Brouwerian algebra, Brouwer algebra) についてふれる．

McKinsey and Tarski (1946) によると，ブラウワー代数 $X = \langle X, \vee, \wedge, \dot{-}, 1 \rangle$ は，最大元 1 をもつ束で，新しい 2 項演算 $\dot{-}$ をもつ．そして，この演算 $\dot{-}$ は次の条件を満たす：任意の $x, y, z \in X$ について，

(1) $x \leq y \vee z \iff x \dot{-} y \leq z$

この $x \dot{-} y$ は，x と y の**擬差元** (pseudodifference) という．(1) の定義の代わりに，次のように定義してもよい：

$$x \dot{-} y := \min\{z \in X \mid x \leq y \vee z\}$$

つまり，ブラウワー代数は，最大元 1 をもつ束で，任意の $x, y \in X$ について，$\{z \in X \mid x \leq y \vee z\}$ が最小元をもつもので，それを $x \dot{-} y$ と表記すると定義してもよい．

ブラウワー束は，分配束であり，ハイティング代数の擬補元と双対になる**ブラウワー補元** (Brouwerian complement) $\to x$ が存在し，$\to x := 1 \dot{-} x$ によって定義される．0 も存在し，たとえば，$0 := 1 \dot{-} 1$ として定義される．ブラウワー代数では，$x \vee \to x = 1$ はつねに成り立つが，$x \wedge \to x = 0$ は一般には成り立たない．この意味で，ブラウワー代数は**矛盾許容論理** (paraconsistent logic) と関係する．そして，ブラウワー代数がブール代数になるための必要十分条件は，$x \wedge \to x = 0$ がつねに成り立つことである．

さて，上記 (1) の条件は，ハイティング代数の場合と同様に，ガロア対応の例として考えられる．ブラウワー代数 X の任意の元 y に対し，2 つの写像 α_y, β_y を次のように定義する：任意の $a \in X$ に対して，

$$\alpha_y : X \longrightarrow X; \ a \mapsto y \vee a$$
$$\beta_y : X \longrightarrow X; \ a \mapsto a \dot{-} y$$

上記の擬差元の定義 (1) は，α_y, β_y を使うと，

(2) $x \leq \alpha_y(z) \iff \beta_y(x) \leq z$

と書ける．そして，同値記号の両側を入れ替えると，

(3) $\beta_y(x) \leq z \iff x \leq \alpha_y(z)$

となる．つまり，(β_y, α_y) は，X, X 間のガロア対応である．

ブラウワー代数はブラウワー束 (Brouwerian lattice, Brouwer lattice) とか，余ハイティング代数 (co-Heyting algebra)，双対ハイティング代数 (dual Heyting algebra) などともよばれる．

なお，Rauszer (1980) では，ハイティング代数とブラウワー代数を合体させた代数，**準ブール代数** (semi-Boolean algebra) を考え，その代数に対応した述語論理体系 **H-B**(Heyting-Brouwer predicate logic) の完全性定理を代数的に証明し，さらに，Kripke モデルも扱っている．

命題 1.34 X, Y を順序集合とし，2 つの写像 α と β を $\alpha : X \longrightarrow Y$，$\beta : Y \longrightarrow X$ なる写像とする．このとき，次の 2 つは同値である：

1. (α, β) は X, Y 間のガロア対応である．
2. 写像 α, β は次の 3 条件を満たす：任意の $x, x_1, x_2 \in X$, $y, y_1, y_2 \in Y$ について，
    (1) $x \leq (\beta \circ \alpha)(x)$, $(\alpha \circ \beta)(y) \leq y$
    (2) $x_1 \leq x_2 \implies \alpha(x_1) \leq \alpha(x_2)$
    (3) $y_1 \leq y_2 \implies \beta(y_1) \leq \beta(y_2)$

証明 $1 \implies 2$：(1) について：$\alpha(x) \leq \alpha(x)$ なので，ガロア対応の定義から，$x \leq (\beta \circ \alpha)(x)$．また，$\beta(y) \leq \beta(y)$ から $(\alpha \circ \beta)(y) \leq y$．

(2) について：$x_1 \leq x_2$ のとき，(1) から $x_1 \leq x_2 \leq (\beta \circ \alpha)(x_2)$，つまり，$x_1 \leq (\beta \circ \alpha)(x_2)$．よって，ガロア対応の定義から，$\alpha(x_1) \leq \alpha(x_2)$. (3) についても同様．

$2 \implies 1$： $\alpha(x) \leq y \implies (\beta \circ \alpha)(x) \leq \beta(y)$ 2 の (3) により
$\qquad\qquad\qquad \implies x \leq (\beta \circ \alpha)(x) \leq \beta(y)$ 2 の (1) により

この逆も同様． $\square$

この命題 1.34 が示すように，定義 1.30 によるガロア対応の定義は，**順序保存ガロア対応** (monotone Galois connection) ともいう．

1.6. ガロア対応

命題 1.35 X, Y を順序集合とする．2つの写像 $\alpha : X \longrightarrow Y$，$\beta : Y \longrightarrow X$ について，(α, β) が X, Y 間のガロア対応とすると，次が成り立つ：任意の $x \in X, y \in Y$ に対して，

$$\alpha(x) = (\alpha \circ \beta \circ \alpha)(x), \quad \beta(y) = (\beta \circ \alpha \circ \beta)(y)$$

なお，ガロア対応の定義にはもう1つ別の定義がある．

定義 1.31 X, Y を順序集合とする．2つの写像 $\alpha : X \longrightarrow Y$，$\beta : Y \longrightarrow X$ の対 (α, β) が次の条件を満たすとき，それを X, Y 間の**順序反転ガロア対応** (antitone Galois connection) という：任意の $x \in X, y \in Y$ に対して，

$$y \leq_Y \alpha(x) \iff x \leq_X \beta(y)$$

例 1.8 X を順序集合とする．このとき，$A \subseteq X$ に対し，

$$A^u = \{x \in X \mid \forall a \in A : a \leq x\}, \quad A^l = \{x \in X \mid \forall a \in A : x \leq a\}$$

である．このとき，$(\ ^u, \ ^l)$ は次のように $\mathcal{P}(X), \mathcal{P}(X)$ 間の順序反転ガロア対応である：任意の $A, B \in \mathcal{P}(X)$ について，

$$\begin{aligned}
B \subseteq A^u &\iff \forall b \in B : b \in A^u \\
&\iff \forall b \in B \ \forall a \in A : a \leq b \\
&\iff \forall a \in A \ \forall b \in B : a \leq b \\
&\iff \forall a \in A : a \in B^l \\
&\iff A \subseteq B^l
\end{aligned}$$

注意 1.14 上記定義 1.31 における定義式の左辺は，$\alpha(x) \leq_{Y^\partial} y$ と同値なので，(α, β) が X, Y 間の順序反転ガロア対応であることの定義は，(α, β) が X, Y^∂ 間の順序保存ガロア対応であることとみなすことができる．本書では，今後特に断らなければ，ガロア対応は順序保存ガロア対応を意味する．なお，Birkhoff(1967) では，順序反転ガロア対応をガロア対応として採用している．ちなみに，順序反転ガロア対応では，命題 1.34 は次のようになる：

命題 1.36 X, Y を順序集合とし，2つの写像 α と β を $\alpha : X \longrightarrow Y$，$\beta : Y \longrightarrow X$ なる写像とする．このとき，次の2つは同値である：

1. (α, β) は X, Y 間の順序反転ガロア対応である．

2. 写像 α, β は次の 3 条件を満たす：任意の $x, x_1, x_2 \in X, y, y_1, y_2 \in Y$ について，

    (1) $x \leq_X (\beta \circ \alpha)(x), \quad y \leq_Y (\alpha \circ \beta)(y)$
    (2) $x_1 \leq_X x_2 \Longrightarrow \alpha(x_2) \leq_Y \alpha(x_1)$
    (3) $y_1 \leq_Y y_2 \Longrightarrow \beta(y_2) \leq_X \beta(y_1)$

例 1.9 最小元 0 をもつ下半束 $\langle X, \wedge, 0 \rangle$ において，任意の元 $x \in X$ について，次の条件を満たす X 上の 1 項演算 $'$ が存在するとする：任意の $y \in X$ について，

    (1) $x \wedge y = 0 \iff y \leq x'$

この x' を x の**擬補元** (pseudocomplement) といい，この演算 $'$ について閉じている下半束を**擬補下半束** (pseudocomplemented lower semilattice)，あるいは単に**擬補半束** (pseudocomplemented semilattice) という．ちなみに，x' は，例 1.6 のハイティング代数の相対擬補元を使い，$x' := x \to 0$ のように定義できる．そのとき，例 1.6 における式 (1) において y を 0 で置き換え，z を y で置き換えたものが上記の式 (1) である．

さて，上記 (1) において，y に x' を代入すると，

    (2) $x \wedge x' = 0$

が導かれる．また，$x \leq y$ とすると，$x \wedge y' \leq y \wedge y' = 0$ となるので，(1) により，$y' \leq x'$ が導かれる．つまり，

    (3) $x \leq y \Longrightarrow y' \leq x'$

また，$x' \wedge x = 0$ から，(1) により，

    (4) $x \leq x''$

となる．よって，命題 1.36 により，演算 $'$ を写像 $' : X \longrightarrow X$ とみなすと，$(', ')$ は X, X 間の順序反転ガロア対応である．

なお，順序反転ガロア対応でも命題 1.35 は成立する．つまり，

命題 1.37 X, Y を順序集合とする．(α, β) を X, Y 間の順序反転ガロア対応とすると，次が成り立つ：任意の $x \in X, y \in Y$ に対して，

$$\alpha(x) = (\alpha \circ \beta \circ \alpha)(x), \quad \beta(y) = (\beta \circ \alpha \circ \beta)(y)$$

1.6. ガロア対応

ここで，ガロア対応と閉包作用素の関係を明らかにする．つまり，ガロア対応から閉包作用素が構成でき，またその逆も可能である．

命題 1.38 (α, β) が順序集合 X, Y 間のガロア対応とする．このとき，合成写像 $\beta \circ \alpha : X \longrightarrow X$ は X 上の閉包作用素になる．

証明 写像 $\beta \circ \alpha$ について次が成り立つ：任意の $x, x_1, x_2 \in X$ について，
1. 命題 1.34, 2 の (1) から，$x \leq (\beta \circ \alpha)(x)$．
2. $x_1 \leq x_2$ とすると，命題 1.34, 2 の (2), (3) から $\alpha(x_1) \leq \alpha(x_2)$ となり，$(\beta \circ \alpha)(x_1) \leq (\beta \circ \alpha)(x_2)$ となる．
3. 命題 1.35 から，$(\beta \circ \alpha)((\beta \circ \alpha)(x)) = \beta((\alpha \circ \beta \circ \alpha)(x)) = (\beta \circ \alpha)(x)$．
□

注意 1.15 上記において合成写像 $\alpha \circ \beta : Y \longrightarrow Y$ は閉包作用素にならない．つまり，任意の $y \in Y$ について命題 1.34, 2 の (1) から $(\alpha \circ \beta)(y) \leq y$ ではあるが，$y \leq (\alpha \circ \beta)(y)$ とはならない．しかし，(α, β) が X, Y 間の順序反転ガロア対応のとき，次に示すように，$\beta \circ \alpha$ も $\alpha \circ \beta$ も閉包作用素となる．

命題 1.39 X, Y を順序集合とし，α, β をそれぞれ $\alpha : X \longrightarrow Y$, $\beta : Y \longrightarrow X$ という写像とする．(α, β) が X, Y 間の順序反転ガロア対応のとき，2 つの合成写像 $\alpha \circ \beta$, $\beta \circ \alpha$ はともに閉包作用素になる．

証明 $\alpha \circ \beta$ についてのみ示す．
任意の $y, y_1, y_2 \in Y$ について，次が成り立つ：
1. 命題 1.36, 2 の (1) から，$y \leq (\alpha \circ \beta)(y)$．
2. $y_1 \leq y_2$ とすると，命題 1.36, 2 の (2) と (3) により，$\beta(y_2) \leq \beta(y_1)$ となり $(\alpha \circ \beta)(y_1) \leq (\alpha \circ \beta)(y_2)$ となる．
3. 命題 1.37 より，$(\alpha \circ \beta)((\alpha \circ \beta)(y)) = (\alpha \circ \beta \circ \alpha)(\beta(y)) = (\alpha \circ \beta)(y)$．
□

命題 1.40 X を順序集合とし，写像 $c : X \longrightarrow X$ を X 上の閉包作用素とする．このとき，$Y := X_c = \{x \in X \mid c(x) = x\}$ とし，写像 α, β を次のように定義する：

$\alpha : X \longrightarrow Y; \ x \mapsto c(x)$

$$\beta : Y \longrightarrow X;\ y \mapsto y \quad (Y \subseteq X \text{ であることに注意})$$

このとき，(α, β) は X, Y 間のガロア対応である．

証明 任意の $x \in X, y \in Y$ について，$\alpha(x) \leq y \iff x \leq \beta(y)$ を示す．

$\implies$：$\alpha(x) = c(x)$ であり，$\beta(y) = y$ なので，

$$\alpha(x) \leq y \implies x \leq c(x) \leq \beta(y)$$
$$\implies x \leq \beta(y)$$

$\impliedby$：$\beta(y) = y$ なので，$x \leq \beta(y)$ とすると $x \leq y$ となり，$c(x) \leq c(y)$ となる．よって，$\alpha(x) \leq c(y) = y$ となる． □

命題 1.41 (α, β) を順序集合 X, Y 間のガロア対応とする．このとき，α は X において存在する結びを保存する．また，β は Y において存在する交わりを保存する．

証明 $P \subseteq X$ とし，$\bigvee P$ が X において存在するとする．$a := \bigvee P$ とし，$\alpha(a)$ が $\alpha(P)$ の上限であることを示す．

任意の $x \in P$ について $x \leq a$ なので命題 1.34, 2 により $\alpha(x) \leq \alpha(a)$．つまり，$\forall y \in \alpha(P) : y \leq \alpha(a)$．つまり，$\alpha(a)$ は $\alpha(P)$ の上界である．

いま，$b \in Y$ を $\alpha(P)$ の任意の上界とすると，任意の $x \in P$ について，$\alpha(x) \leq b$ なので，定義 1.30 により，$x \leq \beta(b)$．よって，$a = \bigvee P \leq \beta(b)$ となり，再び定義 1.30 により，$\alpha(a) \leq b$ となる．以上から，$\alpha(a) = \alpha(\bigvee P)$ が $\alpha(P)$ の上限である．つまり，$\alpha(a) = \bigvee \alpha(P)$．

次に，$Q \subseteq Y$ とし，$\bigwedge Q$ が Y において存在するとする．$b := \bigwedge Q$ とし，$\beta(b)$ が $\beta(Q)$ の下限であることを示す．

任意の $y \in Q$ について，$b \leq y$ なので，命題 1.34, 2 により，$\beta(b) \leq \beta(y) \in \beta(Q)$．つまり，$\forall x \in \beta(Q) : \beta(b) \leq x$ となり，$\beta(b)$ は $\beta(Q)$ の下界となる．

いま，$a \in X$ を $\beta(Q)$ の任意の下界とすると，任意の $y \in Q$ について，$a \leq \beta(y)$ となるので，定義 1.30 により，$\alpha(a) \leq y$ となる．よって，$\alpha(a) \leq \bigwedge Q = b$ となり，再び定義 1.30 により，$a \leq \beta(b)$ となる．以上から，$\beta(b)$ は $\beta(Q)$ の下限である．つまり，$\beta(b) = \bigwedge \beta(Q)$． □

注意 1.16 ここで，用語について記しておく．一部の文献，たとえば，Dunn and Hardegree (2001, p.395) では，順序集合 X, Y 上の 2 つの写像 $\alpha, \beta :$

$$\alpha : X \longrightarrow Y, \quad \beta : Y \longrightarrow X$$

について，ガロア対応などを次のように定義している：任意の $x \in X, y \in Y$ について，

1. (α, β) は**剰余対** (residuated pair) である
 $\overset{def}{\iff} (\alpha(x) \leq_Y y \iff x \leq_X \beta(y))$

2. (α, β) は**ガロア対応**である
 $\overset{def}{\iff} (y \leq_Y \alpha(x) \iff x \leq_X \beta(y))$

3. (α, β) は**双対ガロア対応** (dual Galois connection) である
 $\overset{def}{\iff} (\alpha(x) \leq_Y y \iff \beta(y) \leq_X x)$

4. (α, β) は**双対剰余対** (dual residuated pair) である
 $\overset{def}{\iff} (y \leq_Y \alpha(x) \iff \beta(y) \leq_X x)$

1 の剰余対は，本書での順序保存ガロア対応のことである．2 のガロア対応は，本書での順序反転ガロア対応のことである．3 と 4 は本書では扱っていない．本書では，Davey and Priestley (2002) に従っているが，こうした定義があるということに注意したい．

1.7　順序集合の完備化

本節では，完備化という概念を定義し，ガロア対応 (閉包作用素) を利用した順序集合の完備化をする．

定義 1.32　X を順序集合とし，Y を完備束とする．φ が X の Y への順序埋め込み $\varphi : X \hookrightarrow Y$ のとき，Y を (φ による)X の**完備化** (completion) という．

例 1.10　例 1.1 でも記したように，任意の順序集合 X に対し，写像 $\varphi : X \longrightarrow \mathcal{D}(X)$ を $X \ni x \mapsto \downarrow x \in \mathcal{D}(X)$ で定義すると，φ は X の $\mathcal{D}(X)$ への順序埋め込みになる．そして，$\mathcal{D}(X)$ は完備束なので，$\mathcal{D}(X)$ は φ による X の完備化となる．

次に**切断** (cut, Dedekind cut) による順序集合の完備化を考える．これは，**Dedekind-MacNeille の完備化**ともいわれる．

命題 1.42 X を順序集合とし，$A, B \subseteq X$ とする．このとき，A, B の上界全体，下界全体は次のような性質をもつ：

1. $A \subseteq A^{ul}, \quad A \subseteq A^{lu}$
2. $A \subseteq B$ とする．このとき，次が成り立つ：
   $B^u \subseteq A^u, \quad B^l \subseteq A^l, \quad A^{ul} \subseteq B^{ul}, \quad A^{lu} \subseteq B^{lu}$
3. $A^u = A^{ulu}, \quad A^l = A^{lul}$

証明 例 1.8 で示したように，$(\,^u,\,^l)$ は $\mathcal{P}(X), \mathcal{P}(X)$ 間の順序反転ガロア対応であるが，このことから，命題 1.36, 1.37 により上記 3 つの性質は明らか．また，u と l の定義からもこれら 3 つの性質は明らか． □

命題 1.43 X を順序集合とする．このとき，$X^{DM} \subseteq \mathcal{P}(X)$ を次のように定義する：

$$X^{DM} := \{A \subseteq X \mid A^{ul} = A\} \subseteq \mathcal{P}(X)$$

このとき，$\langle X^{DM}, \subseteq \rangle$ は完備束になる．

証明 命題 1.39 により，写像 ^{ul} は $\mathcal{P}(X)$ 上の閉包作用素になるので定理 1.33 により，X^{DM} は X 上のトップ $\bigcap$-構造であり，完備束となる． □

上記 X^{DM} を X の**切断による完備化**という．

命題 1.44 X を順序集合とする．このとき，次が成り立つ：

1. 任意の $x \in X$ について $(\downarrow x)^{ul} = \downarrow x$ となり，$\downarrow x \in X^{DM}$ となる
2. 任意の $A \subseteq X$ に対し，$\bigvee A$ が X において存在するとき，$A^{ul} = \downarrow(\bigvee A)$
3. 任意の $x \in X$ について，$(\uparrow x)^{lu} = \uparrow x$
4. 任意の $A \subseteq X$ に対し，$\bigwedge A$ が X において存在するとき，$A^{lu} = \uparrow(\bigwedge A)$

証明 1：命題 1.2 の 9, 10 により，$(\downarrow x)^{ul} = (\uparrow x)^l = \downarrow x$ となり，$\downarrow x \in X^{DM}$．
2：$A \subseteq X$ に対し，$\bigvee A$ が X において存在するとする．このとき，命題 1.2 により，$A^{ul} = (\uparrow(\bigvee A))^l = \downarrow(\bigvee A)$．
3：上記 1 と同様．
4：上記 2 と同様． □

定理 1.45 X を順序集合とし，写像 $\varphi : X \longrightarrow X^{DM}$ を $x \mapsto \downarrow x$ で定義する．このとき，次が成り立つ：

1. X^{DM} は φ による X の完備化である
2. φ は X において存在する結びと交わりを保存する

証明 1：$\langle X^{DM}, \subseteq \rangle$ は命題 1.43 により完備束である．また，命題 1.3 から，任意の $x, y \in X$ について，$x \leq y \iff \downarrow x \subseteq \downarrow y$ となるので，φ は X の X^{DM} への順序埋め込みである．よって定義により，X^{DM} は φ による X の完備化である．

2：$A \subseteq X$ に対し，$\bigvee A$ が X において存在するとする．このとき，$\varphi(\bigvee A) = \bigvee \varphi(A)$，つまり，$\downarrow(\bigvee A) = \bigvee \{\downarrow a \mid a \in A\}$ が X^{DM} において成り立つことを示す．

任意の $a \in A$ について，$a \leq \bigvee A$ なので，$\downarrow a \subseteq \downarrow(\bigvee A)$ となり，$\downarrow(\bigvee A)$ は $\{\downarrow a \mid a \in A\}$ の上界である．次に，$B \in X^{DM}$ を $\{\downarrow a \mid a \in A\}$ の任意の上界とすると，$\forall a \in A : a \in \downarrow a \subseteq B$ となるので，$A \subseteq B$. よって，命題 1.44, 2 から $\downarrow(\bigvee A) = A^{ul} \subseteq B^{ul} = B$. 以上から，$\downarrow(\bigvee A)$ は $\{\downarrow a \mid a \in A\}$ の最小上界である．つまり，$\downarrow(\bigvee A) = \bigvee \{\downarrow a \mid a \in A\}$.

次に，$\bigwedge A$ が X において存在するとする．このとき，$\varphi(\bigwedge A) = \bigwedge \varphi(A)$，つまり，$\downarrow(\bigwedge A) = \bigwedge \{\downarrow a \mid a \in A\}$ が X^{DM} において成り立つことを示す．X^{DM} が X 上のトップ $\bigcap$-構造であることから，定理 1.33 により，X^{DM} において，

$$\bigwedge \{\downarrow a \mid a \in A\} = \bigcap \{\downarrow a \mid a \in A\}$$

が成り立つ．よって，命題 1.2 の 8, 12 により，

$$\bigcap \{\downarrow a \mid a \in A\} = \downarrow(\bigwedge A)$$

となり，$\downarrow(\bigwedge A) = \bigwedge \{\downarrow a \mid a \in A\}$ が X^{DM} において成り立つ． □

1.8 束上の合同関係と商束 (商代数)

束などの代数系において，商代数を作るということがよく行なわれる．本節では，束の商代数 (商束) を取り上げ，その基本的事項を確認する．

定義 1.33 束 L 上の同値関係 θ が演算 $\vee, \wedge$ と**両立**するとは，任意の $a, b, c \in L$ について，$a \equiv b \pmod{\theta}$ かつ $c \equiv d \pmod{\theta}$ のとき，

$$a \vee c \equiv b \vee d \pmod{\theta} \text{ かつ } a \wedge c \equiv b \wedge d \pmod{\theta}$$

が成り立つことである．

なお，束 L 上の同値関係 θ が演算 $\vee, \wedge$ と両立するとき，θ を，L 上の**合同関係** (congruence relation, congruence) という．

例 1.11 1. L, K を束とし，$f : L \longrightarrow K$ を束準同型写像とする．このとき，次のように L 上の同値関係 θ を定義する：任意の $a, b \in L$ について，

$$a \equiv b \pmod{\theta} \overset{def}{\Longleftrightarrow} f(a) = f(b)$$

この θ は L 上の合同関係である．

2. 束 L 上で関係 θ を次により定義する：任意の $a, b \in L$ について，

$$a \equiv b \pmod{\theta} \overset{def}{\Longleftrightarrow} \exists c \in L (a \wedge c = b \wedge c)$$

このとき，θ は同値関係である．そして，L が分配束のとき，L は合同関係になるが，分配束でないときは，必ずしも合同関係にはならない．

定義 1.34 束 L 上の同値関係 θ により，同値類による L の分割を次のように定義する：任意の $a \in L$ について，

$$|a|_\theta := \{b \in L \mid a \equiv b \pmod{\theta}\}$$

とするとき，この同値類 $|a|_\theta$ を**ブロック** (block) ともいう．このとき，

$$L/\theta := \{|a|_\theta \mid a \in L\}$$

によって定義される L/θ を L の θ による**分割** (partition) という．つまり，L の元を，θ の意味で「同じ」ものを同値類としてまとめて 1 つのものとみなし，L を再構成したものが L/θ である．

注意 1.17 束 L の同値関係 θ による分割 L/θ 上に新しい束演算 $\vee_{L/\theta}, \wedge_{L/\theta}$ が次のように定義される：

$$|a|_\theta \vee_{L/\theta} |b|_\theta := |a \vee b|_\theta, \quad |a|_\theta \wedge_{L/\theta} |b|_\theta := |a \wedge b|_\theta$$

1.8. 束上の合同関係と商束 (商代数)

この新しい演算が well-defined である，つまり，同値類 $|a|_\theta$ の代表元のとり方に依存しないことを示す必要がある．すなわち,

(∗) 任意の $a_1, a_2, b_1, b_2 \in L$ について，$|a_1|_\theta = |a_2|_\theta$ かつ $|b_1|_\theta = |b_2|_\theta$ ならば，$|a_1 \vee b_1|_\theta = |a_2 \vee b_2|_\theta$ かつ $|a_1 \wedge b_1|_\theta = |a_2 \wedge b_2|_\theta$

この (∗) を**同値類に関する置換原則** (substitution principle) という．
ところで,
$$|a_1|_\theta = |a_2|_\theta \iff a_1 \equiv a_2 \pmod \theta$$
であることから，束 L 上の同値関係 θ が L 上の合同関係であることと，同値類に関する置換原則が L/θ について成り立つこととは同値である．なお，以下において，θ が明らかなときは，$|a|_\theta$ における θ を省略することがある．

命題 1.46 θ を束 L 上の合同関係とする．このとき，L/θ と上記の注 1.17 で定義された演算 $\vee_{L/\theta}, \wedge_{L/\theta}$ から構成される代数 $\langle L/\theta, \vee_{L/\theta}, \wedge_{L/\theta} \rangle$ は束になる．この束 L/θ を，θ を法とする L の**商束** (the quotient lattice of L modulo θ) という．

また，$L \ni a \mapsto |a|_\theta \in L/\theta$ によって定義される写像 $f : L \longrightarrow L/\theta$ は L から L/θ の上への (onto) 準同型写像である．

第2章 ブール代数

この章では，古典論理のモデルとしてのブール代数について，その基礎的事項を理解する．

2.1 相補束および分配束

定義 2.1 最小元 0 および最大元 1 をもつ束 L が次の性質をもつとき，**相補束**(**可補束**) (complemented lattice) という：任意の $a \in L$ に対して，

$$a \vee b = 1 \text{ かつ } a \wedge b = 0$$

となる $b \in L$ が存在する．このとき，b を a の補元 (complement) といい，a' で表わす．

なお，相補束では，補元は必ずしも一意ではない．相補束に分配律を加えると補元の一意性が保証される．

定義 2.2 束 L が次の条件 (分配律) を満たすとき，**分配束** (distributive lattice) という：任意の $a, b, c \in L$ に対して，

$$a \wedge (b \vee c) = (a \wedge b) \vee (a \wedge c)$$

前章の命題 1.5 の 4 で示したように，束では，上記分配律は双対原理により次の形の分配律と同値である：

$$a \vee (b \wedge c) = (a \vee b) \wedge (a \vee c)$$

そして，分配束では次が成り立つ：

$$(a \vee b = a \vee c \text{ かつ } a \wedge b = a \wedge c) \implies b = c$$

なぜならば，$b = b \wedge (a \vee b) = b \wedge (a \vee c) = (b \wedge a) \vee (b \wedge c) = (a \wedge c) \vee (b \wedge c) = (a \vee b) \wedge c = (a \vee c) \wedge c = c$. したがって，相補束 L が分配束でもあれば，

$a, b, c \in L$ に対して，$a \vee b = a \vee c = 1$ かつ $a \wedge b = a \wedge c = 0$ のとき，$b = c$ となり，補元 a' の一意性が導かれる．

2.2 ブール代数

この節では，ブール代数の基本的な性質を述べ，次節で取り上げる Tarski's Lemma を証明する際に必要となる超フィルター定理を証明する．

定義 2.3 相補束でもあり分配束でもある束を**ブール代数** (Boolean algebra) という．ブール代数 $\mathcal{B}$ を $\mathcal{B} = \langle B, \vee, \wedge, ', 0, 1 \rangle$ のように表わす．また単に，B をブール代数と表現することもある．

なお，ブール代数 $\mathcal{B}$ は次の 6 種類の公理を満たす代数 $\langle B, \vee, \wedge, ', 0, 1 \rangle$ としても定義できる（$\vee, \wedge$ は B 上の 2 項演算子．$'$ は 1 項演算子．0, 1 は B の元）：任意の $a, b, c \in B$ に対して，

1. $a \vee b = b \vee a$, $a \wedge b = b \wedge a$
2. $a \vee (b \vee c) = (a \vee b) \vee c$, $a \wedge (b \wedge c) = (a \wedge b) \wedge c$
3. $(a \vee b) \wedge b = b$, $(a \wedge b) \vee b = b$
4. $a \vee 0 = a$, $a \wedge 1 = a$
5. $a \vee a' = 1$, $a \wedge a' = 0$
6. $a \wedge (b \vee c) = (a \wedge b) \vee (a \wedge c)$, $a \vee (b \wedge c) = (a \vee b) \wedge (a \vee c)$

注意 2.1 上記定義の 1～6 までの公理のうち，1～3 までが束の公理であり，公理 4 は，0, 1 の定義，公理 5 は，補元の定義，公理 6 は，分配律である．つまり，相補分配束がブール代数である．公理 6 の分配律は

6'. $(a \vee b) \wedge c = (a \wedge c) \vee (b \wedge c)$, $(a \wedge b) \vee c = (a \vee c) \wedge (b \vee c)$

としてもよい．また，必要最小限の数の公理でブール代数を定義するということであれば，上記定義の公理 2 と 3 は不要である．また，さらに少ない数の公理でブール代数を定義することもできる．こうした点については，たとえば，松本 (1980, pp.30-35) 参照．

なお，当然のことであるが，ブール代数 B 上の順序関係 $\leq$ は，
$$a \leq b \stackrel{def}{\iff} a \vee b = b \quad \text{あるいは} \quad a \leq b \stackrel{def}{\iff} a \wedge b = a$$
で定義する．また，ブール代数ではつねに，$\bigvee \emptyset = 0$, $\bigwedge \emptyset = 1$ となる．

2.2. ブール代数

注意 2.2 節 1.6 の例 1.6 において，ハイティング代数における相対擬補元について述べた．つまり，ハイティング代数 H では，任意の $a, b \in H$ について，集合 $\{x \in H \mid a \wedge x \leq b\}$ に最大元が存在し，それを $a \to b$ と書く．ところで，一般的に，分配束 L における 2 元 a, b について，集合 $\{x \in L \mid a \wedge x \leq b\}$ に最大元が存在するとき，それを $a \to b$ と表わすのであるが，分配束でもあるブール代数 $\langle B, \vee, \wedge, ', 0, 1 \rangle$ では，この $a \to b$ は $a' \vee b$ に等しい．実際，

$$a \wedge (a' \vee b) = (a \wedge a') \vee (a \wedge b) = 0 \vee (a \wedge b) = a \wedge b \leq b$$

となるので，$a' \vee b \in \{x \in B \mid a \wedge x \leq b\}$ となる．また，$a \wedge x \leq b$ となる任意の $x \in B$ について，$a' \vee (a \wedge x) \leq a' \vee b$ から，$(a' \vee a) \wedge (a' \vee x) = a' \vee x \leq a' \vee b$ となり，$x \leq a' \vee x \leq a' \vee b$ となる．以上から，

$$a' \vee b = \max\{x \in B \mid a \wedge x \leq b\}$$

となり，$a \to b = a' \vee b$ となることがわかる．なお，ブール代数における $a \to b$ を，a の b に対する**相対補元** (complement of a relative to b) という．

定理 2.1 (ブール代数に関する双対定理) φ をブール代数で成立する命題とする．φ^d を，φ の中の $\vee, \wedge, 0, 1$ をそれぞれ $\wedge, \vee, 1, 0$ で置き換えて得られた命題とする (この φ^d を φ の双対命題という．明らかに $\varphi^{dd} = \varphi$)．このとき，φ^d も成立する．

証明 (概略) 上記定義 2.3 のブール代数の公理 1～6 において，それらの双対命題もすべてブール代数の公理である．そこで，命題 φ の証明に現われる各々の命題をその双対命題で置き換えると，その新しい証明はブール代数における命題 φ^d の証明となる． □

命題 2.2 ブール代数 $\mathcal{B}$ において次の性質が成立する：任意の $a, b, c \in B$ に対して，

1. a の補元 a' は一意に存在する
2. $(a \vee b)' = a' \wedge b'$, $(a \wedge b)' = a' \vee b'$
3. $a'' = a$, $1' = 0$, $0' = 1$
4. $a \leq b \iff b' \leq a' \iff a \wedge b' = 0 \iff a' \vee b = 1$
5. $a \wedge b \leq c \iff b \leq a' \vee c$
6. $a \wedge b' = a \iff a \wedge b = 0$

証明 1： 節 2.1 で示した.

2： $(a \vee b) \vee (a' \wedge b') = ((a \vee b) \vee a') \wedge ((a \vee b) \vee b') = 1 \wedge 1 = 1$. $(a \vee b) \wedge (a' \wedge b') = (a \wedge (a' \wedge b')) \vee (b \wedge (a' \wedge b')) = 0 \vee 0 = 0$. よって, $(a \vee b)' = a' \wedge b'$ となる.

$(a \wedge b)' = a' \vee b'$ も同様.

3： $a' \wedge a = 0, a' \vee a = 1$ から $a = a''$. また, $1 \vee 0 = 1$ かつ $1 \wedge 0 = 0$ から $0 = 1'$. $1 = 0'$ についても同様.

4： $a \leq b \iff a \vee b = b \iff (a \vee b)' = b' \iff a' \wedge b' = b' \iff b' \leq a'$.

次に, $a \leq b \implies a \wedge b = a \implies (a \wedge b) \wedge b' = a \wedge b' \implies a \wedge b' = 0$. 逆に, $a \wedge b' = 0 \implies (a \wedge b') \vee b = 0 \vee b \implies (a \vee b) \wedge (b' \vee b) = b \implies a \vee b = b \implies a \leq b$.

次に, $a \leq b \implies a \vee b = b \implies (a \vee b) \vee a' = b \vee a' \implies a' \vee b = 1$. 逆に, $a' \vee b = 1 \implies (a' \vee b) \wedge a = 1 \wedge a \implies (a' \wedge a) \vee (b \wedge a) = a \implies a \wedge b = a \implies a \leq b$.

5： $a \wedge b \leq c$ ならば, $b = b \wedge (a \vee a') = (b \wedge a) \vee (b \wedge a') \leq c \vee (b \wedge a') \leq a' \vee c$. 逆に, $b \leq a' \vee c$ のとき, $a \wedge b \leq a \wedge (a' \vee c) = (a \wedge a') \vee (a \wedge c) = a \wedge c \leq c$.

6： 上記 3 と 4 から, $a \wedge b' = a \iff a \leq b' \iff a \wedge b'' = 0 \iff a \wedge b = 0$.

$\square$

上記命題 2.2 の 2 における 2 つの等式は, いわゆる, **ド・モルガンの法則** (De Morgan's Laws) と言われるものである. そして, 演算 $\vee$ は, $\wedge$ と $'$ により導かれる (定義される) ことがわかる. 同様に, 演算 $\wedge$ は, $\vee$ と $'$ により導かれる (定義される).

定義 2.4 $\mathcal{B}$ をブール代数 $\langle B, \vee, \wedge, ', 0, 1 \rangle$ とする. 任意の部分集合 $S \subseteq B$ に関して, 結び $\bigvee S$ および交わり $\bigwedge S$ が存在するとき, $\mathcal{B}$ を**完備ブール代数** (complete Boolean algebra, **cBa**) といい, $\mathcal{B} = \langle B, \vee, \wedge, ', \bigvee, \bigwedge, 0, 1 \rangle$ のように表記する. 明らかに有限ブール代数は完備ブール代数である.

注意 2.3 この定義について, $\bigvee S$ および $\bigwedge S$ の両方が存在する必要はなく, どちらか一方の存在だけで十分である. これは, 第 1 章の命題 1.28 による.

次に, ブール代数において成り立つ, 無限 join や無限 meet に関する性質をまとめておく.

2.2. ブール代数

命題 2.3 B をブール代数とし，$\{a_i\}_{i\in I} \subseteq B$ (I は有限あるいは無限の添字集合) とすると，次の等式が成り立つ．ただし，I が無限集合のときは次のように理解する：1〜4 の各等式においては，等号 = の片方の無限 join あるいは無限 meet が存在するとすると，他方の無限 join あるいは無限 meet も存在し，等式が成り立つ．また，5〜6 の等式においては，等号 = の左辺の無限 join あるいは無限 meet が存在するとすると，右辺の無限 join あるいは無限 meet も存在し，等式が成り立つ．

1. $(\bigvee_{i\in I} a_i)' = \bigwedge_{i\in I} a_i'$
2. $(\bigwedge_{i\in I} a_i)' = \bigvee_{i\in I} a_i'$
3. $\bigvee_{i\in I} a_i = (\bigwedge_{i\in I} a_i')'$
4. $\bigwedge_{i\in I} a_i = (\bigvee_{i\in I} a_i')'$
5. $a \wedge \bigvee_{i\in I} a_i = \bigvee_{i\in I}(a \wedge a_i)$
6. $a \vee \bigwedge_{i\in I} a_i = \bigwedge_{i\in I}(a \vee a_i)$

なお，上記 3, 4 もド・モルガンの法則という．5 は $(\wedge, \vee)$-**分配律**といい，6 は $(\vee, \wedge)$-**分配律**という．また，B が完備ブール代数のときは，無限 join あるいは無限 meet が存在するという条件は必要なく 1〜6 が成り立つ．

証明 I が有限集合のときはほぼ明らかなので，I を無限集合と考えて証明する．

1： $\bigvee_{i\in I} a_i$ が存在するとし，これを a とおく．このとき，各 $i\in I$ について，$a_i \leq a$ なので，$a' \leq a_i'$．また，任意の $b \in B$ について，$b \leq a_i'$ とすると，$a_i \leq b'$ となり，$a = \bigvee_{i\in I} a_i \leq b'$ となる．よって，$b \leq a'$．以上から，a' は $\{a_i'\}_{i\in I}$ の最大下界である．つまり，$(\bigvee_{i\in I} a_i)' = \bigwedge_{i\in I} a_i'$．

等式右辺の $\bigwedge_{i\in I} a_i'$ が存在するとしたときに，この等式が成り立つことの証明は練習問題とする．

2： 上記 1 と同様．
3： 上記 2 において，a_i のかわりに a_i' を代入する．
4： 上記 1 において，a_i のかわりに a_i' を代入する．
5： $\bigvee_{i\in I} a_i$ が存在するとし，これを b とおく．任意の $i\in I$ について，$a_i \leq b$ なので，$a \wedge a_i \leq a \wedge b$．いま，任意の $c \in B$ について，$a \wedge a_i \leq c$ とする．このとき，命題 2.2 の 5 から，$a_i \leq a' \vee c$ となるので，$b = \bigvee_{i\in I} a_i \leq a' \vee c$

となる．よって，再び命題2.2の5から，$a \wedge b \leq c$ となる．よって，$a \wedge \bigvee_{i \in I} a_i$ は $\{a \wedge a_i\}_{i \in I}$ の最小上界である．つまり，$a \wedge \bigvee_{i \in I} a_i = \bigvee_{i \in I} (a \wedge a_i)$．

6： 上記5と同様． □

例 2.1 集合 $\{0,1\}$ について，$0 \vee 0 = 0$, $1 \vee 0 = 0 \vee 1 = 1$, $1 \vee 1 = 1$, $0 \wedge 0 = 0$, $1 \wedge 0 = 0 \wedge 1 = 0$, $1 \wedge 1 = 1$ (つまり，$0 \leq 0$, $0 \leq 1$, $1 \leq 1$) によって定義される2項演算子 $\vee, \wedge$ をもち，$0' = 1$, $1' = 0$ で定義される1項演算子 $'$ をもつ代数 $\langle \{0,1\}, \vee, \wedge, ', 0, 1 \rangle$ はブール代数である．これを**2元ブール代数**といい，**2**と表記する．もちろん，この**2**は完備ブール代数である．

例 2.2 1元集合 $\{0\}$ について，$\mathcal{B} = \langle \{0\}, \vee, \wedge, ', 0, 1 \rangle$ (ただし, $0 = 1$) はブール代数である．この $\mathcal{B}$ を**1元ブール代数**あるいは**自明なブール代数**という．ただし，今後は特に断らない限り，自明なブール代数は扱わない．つまり，今後は $0 \neq 1$ となるブール代数を扱う．このことは，定義2.3におけるブール代数の公理に7番目の公理として，$0 \neq 1$ を追加することを意味する．

例 2.3 X を任意の集合とする．このとき，$\langle \mathcal{P}(X), \cup, \cap, {}^c, \emptyset, X \rangle$ はブール代数である．ただし，$\cup, \cap$ はそれぞれ和集合，共通集合の2項演算子，^{c} は X に対する補集合を作る1項演算子．これを**ベキ集合ブール代数**あるいは**ベキ集合代数**という．ベキ集合ブール代数は完備ブール代数である．

定義 2.5 ブール代数 $\mathcal{B} = \langle B, \vee, \wedge, ', 0, 1 \rangle$ について，B の空でない部分集合 C が3つの演算 $\vee, \wedge, '$ について閉じているとき，つまり：任意の $a, b \in B$ に対して，

1. $a, b \in C \Longrightarrow a \vee b \in C$
2. $a, b \in C \Longrightarrow a \wedge b \in C$
3. $a \in C \Longrightarrow a' \in C$

という条件を満たすとき，$\mathcal{C} = \langle C, \vee, \wedge, ', 0, 1 \rangle$ を $\mathcal{B}$ の**部分ブール代数** (sub-algebra of a Boolean algebra) という．

なお，$C \subseteq B$ が上記3条件を満たすとき，任意の $a \in C \subseteq B$ について，$a \vee a' = 1 \in C$ かつ $a \wedge a' = 0 \in C$ となる．つまり，$\mathcal{C}$ における $0, 1$ は $\mathcal{B}$ における $0, 1$ と同一のものである．

2.2. ブール代数

2元以上の元をもつ任意のブール代数 ($0 \neq 1$) について，その部分集合 $\{0, 1\}$ は部分ブール代数となる．なお，ベキ集合代数 $\mathcal{P}(X)$ の部分ブール代数を**集合ブール代数**という．

命題 2.4 A をブール代数 $\mathcal{B} = \langle B, \vee, \wedge, ', 0, 1 \rangle$ の空でない部分集合とする．このとき，
$$[A]_\mathcal{B} := \bigcap \{G \mid A \subseteq G \subseteq B, \ G \text{ は } \mathcal{B} \text{ の部分ブール代数}\}$$
とすると，$[A]_\mathcal{B}$ は A を含む $\mathcal{B}$ の部分ブール代数のうち最小のものである．

なお，この $[A]_\mathcal{B}$ を A **により生成された** $\mathcal{B}$ **の部分ブール代数** (the subalgebra of Boolean algebra $\mathcal{B}$ generated by A) といい，A を $[A]_\mathcal{B}$ の**生成系**という．$\mathcal{B}$ が明らかな場合，$[A]_\mathcal{B}$ を単に $[A]$ のように表わす．

この命題の証明は，束の場合 (命題 1.11) の証明とほとんど同じなので省略する．

なお，ブール代数 $\mathcal{B}$ において，次のような，いわゆる積和形の式：
$$(a_{11} \wedge a_{12} \wedge \ldots \wedge a_{1n_1}) \vee \ldots \vee (a_{m1} \wedge a_{m2} \wedge \ldots \wedge a_{mn_m})$$
を $\vee_{i=1}^{m} \wedge_{j=1}^{n_i} a_{ij}$ のように表わし，いわゆる和積形の式：
$$(a_{11} \vee a_{12} \vee \ldots \vee a_{1n_1}) \wedge \ldots \wedge (a_{m1} \vee a_{m2} \vee \ldots \vee a_{mn_m})$$
を $\wedge_{i=1}^{m} \vee_{j=1}^{n_i} a_{ij}$ のように表わす．

ブール代数 (分配束) において，積和形の式は分配律により和積形の式に変形される：
$$(a_1 \wedge a_2) \vee (a_3 \wedge a_4) = (a_1 \vee (a_3 \wedge a_4)) \wedge (a_2 \vee (a_3 \wedge a_4))$$
$$= (a_1 \vee a_3) \wedge (a_1 \vee a_4) \wedge (a_2 \vee a_3) \wedge (a_2 \vee a_4)$$

逆に，和積形の式は積和形の式に同様にして変形される．さて，次の命題は，**LJ** の完全性定理を証明するときに利用される．

命題 2.5 A をブール代数 $\mathcal{B} = \langle B, \vee, \wedge, ', 0, 1 \rangle$ の空でない部分集合とする．このとき，

1. $[A]_\mathcal{B}$ は，次の形の元 a 全体からなる集合に等しい：
$$a = \vee_{i=1}^{m} \wedge_{j=1}^{n_i} a_{ij} \quad (\text{各 } i, j \text{ について，} a_{ij} \in A \text{ または } a_{ij}' \in A)$$

2. $[A]_\mathcal{B}$ は，次の形の元 a 全体からなる集合に等しい：

$$a = \wedge_{i=1}^{m} \vee_{j=1}^{n_i} a_{ij} \quad (\text{各 } i,j \text{ について, } a_{ij} \in A \text{ または } a_{ij}' \in A)$$

3. A がさらにブール代数 $\mathcal{B}$ の部分束で，$0,1 \in A$ のとき，$[A]_\mathcal{B}$ は，次の形の元 a 全体からなる集合に等しい：$a_1,\ldots,a_m, b_1,\ldots,b_m \in A$ として，

$$a = (a_1' \vee b_1) \wedge \ldots \wedge (a_m' \vee b_m)$$

したがって，$a = (a_1 \to b_1) \wedge \ldots \wedge (a_m \to b_m)$ のようにも表わせる．

証明 1. $\vee_{i=1}^{m} \wedge_{j=1}^{n_i} a_{ij}$ の形の元全体からなる集合を A_1 とする．$A_1 \subseteq [A]$ は明らか．そこで，A_1 は，A を部分集合として含む $\mathcal{B}$ の部分ブール代数であることを示せば，$[A] \subseteq A_1$ となる．ところで，$A \subseteq A_1$ は明らかである．そこで，$a,b \in A_1$ のとき，$a \vee b \in A_1$ かつ $a' \in A_1$ を示せば十分である．

(1) $a,b \in A_1$ のとき，$a \vee b$ も積和の形 $\vee_{i=1}^{m} \wedge_{j=1}^{n_i} a_{ij}$ で表わせるのは明らか．

(2) $a = \vee_{i=1}^{m} \wedge_{j=1}^{n_i} a_{ij} \in A_1$ のとき，ド・モルガンの法則により，$a' = \wedge_{i=1}^{m} \vee_{j=1}^{n_i} a_{ij}'$ となる．ここで，分配律を使えば，a' は $\vee_{i=1}^{k} \wedge_{j=1}^{l_i} c_{ij}$ の形に表わせ，各 i,j について，$c_{ij} \in A$ または $c_{ij}' \in A$ となる．

2. 上記 1 と同様．

3. A が $\mathcal{B}$ の部分束で，$0,1 \in A$ とする．さて，上記 2 から，$[A]$ の元 a は，すべて和積の形に表わせる：

$$a = (a_{11} \vee a_{12} \vee \ldots \vee a_{1n_1}) \wedge \ldots \wedge (a_{m1} \vee a_{m2} \vee \ldots \vee a_{mn_m})$$
$$(\text{各 } i,j \text{ について, } a_{ij} \in A \text{ または } a_{ij}' \in A)$$

ここで，たとえば，左端の結びの部分 $(a_{11} \vee a_{12} \vee \ldots \vee a_{1n_1})$ を構成する $a_{11}, a_{12}, \ldots a_{1n_1}$ について，補元の形で A に属しているのか，そうでないかによって 2 分類する．そこで，

$$a_{1s_1}, \ldots, a_{1s_k} \ (0 \leq s_1, \ldots, s_k \leq n_1) \text{ について, } a_{1s_1}', \ldots, a_{1s_k}' \in A$$

となり，

$$a_{1t_1}, \ldots, a_{1t_l} \ (0 \leq t_1, \ldots, t_l \leq n_1) \text{ について, } a_{1t_1}, \ldots, a_{1t_l} \in A$$

となるとする $(s_k + t_l > 0)$．このとき，

$$a_{11} \vee \ldots \vee a_{1n_1} = (a_{1s_1}'' \vee \ldots \vee a_{1s_k}'') \vee (a_{1t_1} \vee \ldots \vee a_{1t_l})$$

2.2. ブール代数

$$= (a_{1s_1}{}' \wedge \ldots \wedge a_{1s_k}{}')' \vee (a_{1t_1} \vee \ldots \vee a_{1t_l})$$

となる. ここで, a_1, b_1 をそれぞれ,

$$a_1 := \begin{cases} a_{1s_1}{}' \wedge \ldots \wedge a_{1s_k}{}' & (s_k > 0 \text{ のとき}) \\ 1 & (s_k = 0 \text{ のとき}) \end{cases}$$

$$b_1 := \begin{cases} a_{1t_1} \vee \ldots \vee a_{1t_l} & (t_l > 0 \text{ のとき}) \\ 0 & (t_l = 0 \text{ のとき}) \end{cases}$$

のように定義すると,

$$a_{11} \vee \ldots \vee a_{1n_1} = a_1' \vee b_1 \ (a_1, b_1 \in A)$$

と表わせる. 同じことをくり返すことにより, $[A]$ の元 a はすべて

$$a = (a_1' \vee b_1) \wedge \ldots \wedge (a_m' \vee b_m) \quad (a_1, \ldots, a_m, b_1, \ldots, b_m \in A)$$

のように表わせる. したがって, $a = (a_1 \to b_1) \wedge \ldots \wedge (a_m \to b_m)$ のようにも表わせる. □

次の定義は, 超フィルター定理を証明するのに必要となる重要なものである.

定義 2.6 A をブール代数の部分集合とする. A の任意の有限部分集合 X について $\bigwedge X \neq 0$ となるとき, A は**有限交叉性** (finite intersection property, ***fip***) をもつという. つまり, $\mathcal{S}_\omega(A)$ が A の有限部分集合全体からなる集合族を表わすとすると,

$$\forall X \in \mathcal{S}_\omega(A) : \bigwedge X \neq 0$$

のとき, A は *fip* をもつという.

定義 2.7 A をブール代数 $\mathcal{B}$ の部分集合とする. このとき, A^ω を次のように定義する:

$$A^\omega := \{\bigwedge X \mid X \in \mathcal{S}_\omega(A)\}$$

なお, 明らかに $A \subseteq A^\omega$. そして, $A \subseteq {\uparrow}A$ なので, $A \subseteq A^\omega \subseteq {\uparrow}(A^\omega)$. さて, A をブール代数 $\mathcal{B}$ の部分集合とし, F を $\mathcal{B}$ のフィルターとする. ${\uparrow}A = F$ のとき, A をフィルター F の**フィルター基** (filter base) という. さらに, A^ω が

F のフィルター基となるとき,つまり,$\uparrow(A^\omega) = F$ のとき,A をフィルター F の**フィルター部分基** (filter sub-base) といい,A はフィルター F を生成するという.実際,ブール代数の任意の部分集合 A について $\uparrow(A^\omega)$ はフィルターになる (必ずしも固有フィルターになるとは限らないが) ことが次の命題で示される.

命題 2.6 A をブール代数 $\mathcal{B} = \langle B, \vee, \wedge, ', 0, 1 \rangle$ の部分集合とする.このとき次が成り立つ:

1. $\uparrow(A^\omega)$ はフィルターである (必ずしも固有フィルターではない)
2. $\mathcal{B}$ の任意のフィルター F について,$(A \subseteq F \Longrightarrow \uparrow(A^\omega) \subseteq F)$
3. $\uparrow(A^\omega)$ が固有フィルター $\iff$ A は fip をもつ

証明 1:定義 2.7 から,$x \in \uparrow(A^\omega) \iff \exists X \in \mathcal{S}_\omega(A)(\bigwedge X \leq x)$ となる.よって,$x_1 \in \uparrow(A^\omega)$, $x_2 \in \uparrow(A^\omega)$ とすると,

$$\bigwedge X_1 \leq x_1, \quad \bigwedge X_2 \leq x_2$$

となる $X_1, X_2 \in \mathcal{S}_\omega(A)$ が存在する.このとき,前章命題 1.7 の 6 により,$\bigwedge X_1 \wedge \bigwedge X_2 = \bigwedge(X_1 \cup X_2)$ なので,$X_1 \cup X_2 \in \mathcal{S}_\omega(A)$ に対して,$\bigwedge(X_1 \cup X_2) \leq x_1 \wedge x_2$ となる.よって,$x_1 \wedge x_2 \in \uparrow(A^\omega)$.また,$x \in \uparrow(A^\omega), y \in B, x \leq y$ のとき,$\exists X \in \mathcal{S}_\omega(A)(\bigwedge X \leq x \leq y)$ となるから,$y \in \uparrow(A^\omega)$ となる.よって $\uparrow(A^\omega)$ はフィルターである.

2:F を $\mathcal{B}$ におけるフィルターとし,$A \subseteq F$ とする.いま $x \in \uparrow(A^\omega)$ とすると,$\bigwedge X \leq x$ となる $X \in \mathcal{S}_\omega(A)$ が存在する.ここで $X \subseteq A \subseteq F$ で,X は有限集合なので,フィルターの定義から,$\bigwedge X \in F$.よって $x \in F$.

3:$\uparrow(A^\omega)$ が固有フィルター
$\iff 0 \notin \uparrow(A^\omega)$ (固有フィルターの定義より)
$\iff \forall X \in \mathcal{S}_\omega(A)(\bigwedge X \not\leq 0)$
$\iff \forall X \in \mathcal{S}_\omega(A)(\bigwedge X \neq 0)$
$\iff A$ は fip をもつ $\square$

定義 2.8 F をブール代数 B のフィルターとする.F が次の条件を満たすとき,それを**超フィルター** (ultrafilter) という:任意の $x \in B$ について,

x か x' のどちらか一方のみが必ず F の元となる

2.2. ブール代数

注意 2.4 ブール代数 $\mathcal{B}$ は最大元 1 をもつので，$\mathcal{B}$ の任意のフィルター F は 1 を元としてもつ．したがって，F が超フィルターのとき，$1' = 0 \notin F$ となるので，超フィルターは固有フィルターである．

命題 2.7 F をブール代数 $\mathcal{B} = \langle B, \vee, \wedge, ', 0, 1\rangle$ のフィルターとするとき，次が成り立つ：

$$F \text{ は極大フィルター} \iff F \text{ は超フィルター}$$

証明 $\Longrightarrow$：$F \subseteq B$ を $\mathcal{B}$ の極大フィルターとする．このとき $x \in F$ かつ $x' \in F$ となる $x \in B$ が存在するとすると，フィルターの性質から $0 = x \wedge x' \in F$ となり，F が固有フィルターであることに反する．よって，$x \in F$ かつ $x' \in F$ となるような $x \in B$ は存在しない．

そこで次に，任意の $x \in B$ について $x \in F$ または $x' \in F$ のいずれか一方のみが必ず成り立つことを示すために，$x \notin F$ を仮定する．そこで $F \cup \{x\}$ から生成される $\mathcal{B}$ のフィルターを G とする．つまり，命題 2.6 により，$G := \uparrow((F \cup \{x\})^\omega)$ とする．このとき $F \subsetneq F \cup \{x\} \subseteq G$ となるので，フィルター F の極大性から G は固有フィルターではないことになる．よって再び命題 2.6 により，$F \cup \{x\}$ は fip をもたない．つまり $X \in \mathcal{S}_\omega(F \cup \{x\})$ かつ $\bigwedge X = 0$ となるような X が存在することになる．

そこで，$x \notin X$ のとき，$X \in \mathcal{S}_\omega(F)$ で，$\bigwedge X \wedge x \leq \bigwedge X = 0$．つまり，$\bigwedge X \wedge x = 0$ となる．このとき $\bigwedge X \leq x'$ となり，$\bigwedge X \in F$ であることから $x' \in F$ となる．他方 $x \in X$ のとき $\bigwedge X = \bigwedge(X - \{x\}) \wedge x = 0$ から $\bigwedge(X - \{x\}) \leq x'$ となる．ここで $(X - \{x\}) \in \mathcal{S}_\omega(F)$ だから，$\bigwedge(X - \{x\}) \in F$ となり，$x' \in F$．いずれにしても，$x' \in F$ となる．

$\Longleftarrow$：任意の $x \in B$ について，$x \in F$ または $x' \in F$ のいずれか一方のみが必ず成り立つとする．フィルター F の極大性を示すために，$F \subsetneq G$ となるフィルター G は固有フィルターでないことを示す．いま $F \subsetneq G$ となるフィルター G が存在するとすると，$x \in G - F$ となる $x \in B$ が存在する．このとき $x \in G$ かつ $x \notin F$．後者から $x' \in F$．よって $x' \in G$．そこで $x \wedge x' = 0 \in G$ となり，G は固有フィルターではないことになる． $\square$

定理 2.8 (超フィルター定理) ブール代数 $\mathcal{B} = \langle B, \vee, \wedge, ', 0, 1\rangle$ の任意の固有フィルターはそれを含む超フィルターに拡大できる．

証明 F をブール代数 $\mathcal{B}$ の固有フィルターとする.このとき,$\mathfrak{F} := \{X \subseteq B \mid F \subseteq X, X$ は $\mathcal{B}$ の固有フィルター $\}$ とすると,$F \in \mathfrak{F}$ となり $\mathfrak{F} \neq \emptyset$.明らかに $\langle \mathfrak{F}, \subseteq \rangle$ は部分集合関係 $\subseteq$ に関する順序集合となる.このとき $\mathfrak{F}$ の任意の鎖に上界が存在することを示す.$\{X_i \in \mathfrak{F} \mid i \in I\}$ を $\mathfrak{F}$ の任意の鎖 (全順序部分集合) とし,$X = \bigcup_i X_i$ とする.各 $i \in I$ について,$F \subseteq X_i$ だから $F \subseteq X$.さてこの X が $\mathcal{B}$ の固有フィルターであることを次の 1, 2, 3 で示す.

 1. 各 $i \in I$ について,$0 \notin X_i$ だから $0 \notin X$.

 2. $x, y \in X$ とすると,$x \in X_i, y \in X_j$ となる $i, j \in I$ が存在する.$X_i \subseteq X_j$ または $X_j \subseteq X_i$ であるが,いま $X_i \subseteq X_j$ とすると,$x, y \in X_j$ となり,$x \wedge y \in X_j \subseteq X$,つまり $x \wedge y \in X$ となる.$X_j \subseteq X_i$ としても同様.

 3. $x \in X, y \in B, x \leq y$ のとき,$x \in X_i$ となる $i \in I$ が存在し,$y \in X_i \subseteq X$.

以上 1～3 から,X は $\mathcal{B}$ の固有フィルターで F を含むので $X \in \mathfrak{F}$ となる.つまり,$\mathfrak{F}$ の任意の鎖 $\{X_i \in \mathfrak{F} \mid i \in I\}$ は $\mathfrak{F}$ において上界 $X = \bigcup_i X_i$ をもつ.よってツォルンの補題により,$\langle \mathfrak{F}, \subseteq \rangle$ は極大元 (極大フィルター) をもつ.これは F を部分集合として含む $\mathcal{B}$ の超フィルターである. □

系 2.9 ブール代数の任意の部分集合が *fip* をもつならば,それを超フィルターに拡大できる.

証明 ブール代数の任意の部分集合 A が *fip* をもつとすると,命題 2.6 により,$\uparrow(A^\omega)$ は固有フィルターになる.よって定理 2.8 により,$\uparrow(A^\omega)$ を部分集合として含む超フィルターが存在する. □

系 2.10 ブール代数の元 x が 0 でないとき,それを元として含む超フィルターが存在する.

証明 ブール代数の元 x が 0 でないとする.このとき,$\mathcal{S}_\omega(\{x\})$ の元は $\emptyset$ と $\{x\}$ の 2 つであるが,$\bigwedge \emptyset = 1, \bigwedge \{x\} = x \neq 0$ となる.よって集合 $\{x\}$ は *fip* をもつので,系 2.9 により $\{x\}$ を部分集合として含む超フィルターが存在する. □

系 2.11 x, y をブール代数の異なる 2 元とする.このとき x と y のどちらか一方のみを元としてもつ超フィルターが存在する.

証明 $x \neq y$ とすると順序 $\leq$ の性質から $x \not\leq y$ または $y \not\leq x$ となる．前者のケースのみを考える．$x \not\leq y$ のとき，命題 2.2, 4 により，$x \wedge y' \neq 0$．よって任意の $X \in \mathcal{S}_\omega(\{x, y'\})$ について $\bigwedge X \neq 0$ となるので集合 $\{x, y'\}$ は fip をもつ．よって系 2.9 により $\{x, y'\}$ を部分集合として含む超フィルター F が存在する．このとき，$x \in F$ であるが，$y' \in F$ なので $y \notin F$. □

2.3 準同型写像と超フィルター

本節では，超フィルターの性質を明らかにした後，Tarski's Lemma を証明する．

定義 2.9 2 つのブール代数 $\mathcal{B}_1 = \langle B_1, \vee, \wedge, ', 0, 1 \rangle$, $\mathcal{B}_2 = \langle B_2, \vee, \wedge, ', 0, 1 \rangle$ が与えられたとき，写像 $f : B_1 \longrightarrow B_2$ が次の条件を満たすとする：任意の $a, b \in B_1$ について，

1. $f(a \vee b) = f(a) \vee f(b)$
2. $f(a \wedge b) = f(a) \wedge f(b)$
3. $f(a') = f(a)'$

このとき，f を $\mathcal{B}_1$ から $\mathcal{B}_2$ への**ブール準同型写像** (Boolean homomorphism)，あるいは単に，準同型写像という．

なお，上記等式において，等号の左辺における演算 $\vee, \wedge, '$ はブール代数 $\mathcal{B}_1$ におけるもので，右辺の演算は $\mathcal{B}_2$ におけるものである．また，ブール準同型写像は 3 つの演算 $\vee, \wedge, '$ のすべてを保存する必要はない．$\vee$ と $'$ だけを保存するとしてもよいし，$\wedge$ と $'$ だけを保存するとしてもよい．

$\mathcal{B}_1$ から $\mathcal{B}_2$ への準同型写像 f が単射のとき，その単射準同型写像を $\mathcal{B}_1$ の $\mathcal{B}_2$ への埋め込み (写像) という．また，f が全単射のとき，それを $\mathcal{B}_1$ と $\mathcal{B}_2$ の間の同型写像という．このとき，$\mathcal{B}_1$ と $\mathcal{B}_2$ は同型であるといい，$\mathcal{B}_1 \cong \mathcal{B}_2$ と書く．なお，写像 $f : B_1 \longrightarrow B_2$ が埋め込みのとき，$f : B_1 \hookrightarrow B_2$ とも書く．そしてその場合，f は B_1 と $f(B_1)$ の間の同型写像となる．

命題 2.12 写像 $f : B_1 \longrightarrow B_2$ がブール代数 $\mathcal{B}_1 = \langle B_1, \vee, \wedge, ', 0, 1 \rangle$ から $\mathcal{B}_2 = \langle B_2, \vee, \wedge, ', 0, 1 \rangle$ への準同型写像のとき，次が成り立つ：

1. $f(0) = 0,\ f(1) = 1$

2. $a, b \in B_1, a \leq b \Longrightarrow f(a) \leq f(b)$　ただし，$\Longrightarrow$ の左辺の $\leq$ は $\mathcal{B}_1$ における順序で，右辺の $\leq$ は $\mathcal{B}_2$ における順序である．
  3. $f(\mathcal{B}_1) = \langle f(B_1), \vee, \wedge, ', 0, 1 \rangle$ は $\mathcal{B}_2$ の部分ブール代数である．

証明　1 の前半のみ示す．$f(0) = f(a \wedge a') = f(a) \wedge f(a') = f(a) \wedge (f(a))' = 0$.
　　　□

定義 2.10　写像 $f : B_1 \longrightarrow B_2$ をブール代数 $\mathcal{B}_1$ からブール代数 $\mathcal{B}_2$ への準同型写像とするとき，B_2 の部分集合 $\{0\}$ に関する f の逆像：

$$f^{-1}(\{0_{\mathcal{B}_2}\}) = \{x \in B_1 \mid f(x) = 0_{\mathcal{B}_2}\}$$

を準同型写像 f の **核** (kernel) といい，$\mathrm{Ker}\, f$，あるいは，$\ker f$，K_f などと表記する．本書では，便宜上，K_f を使う．同じく，

$$f^{-1}(\{1_{\mathcal{B}_2}\}) = \{x \in B_1 \mid f(x) = 1_{\mathcal{B}_2}\}$$

を，Bell and Slomson (1971) にならい，準同型写像 f の **外皮** (shell) といい，本書では，S_f と表記する．外皮は **双対核** ということもある．

　準同型写像 f の核はイデアルとなる．また，後 (命題 2.17) に示すように，準同型写像の外皮はフィルターになる．

定義 2.11　F をブール代数 $\mathcal{B} = \langle B, \vee, \wedge, ', 0, 1 \rangle$ における固有フィルターとする．このとき，B 上の 2 項関係 $\sim_F$ を次により定義する：任意の $a, b \in B$ について，

$$a \sim_F b \overset{def}{\Longleftrightarrow} \exists c \in F : (a \wedge c = b \wedge c)$$

上記の 2 項関係は次に示すように同値関係であり，さらに合同関係でもある．

命題 2.13　ブール代数 $\mathcal{B}$ の固有フィルター F に関する 2 項関係 $\sim_F$ は同値関係である．

命題 2.14　ブール代数 $\mathcal{B}$ の固有フィルター F に関する 2 項関係 $\sim_F$ は合同関係である．つまり，任意の $a, b, c, d \in B$ について，$a \sim_F b$ かつ $c \sim_F d$ のとき，次が成り立つ：

$$(a \vee c) \sim_F (b \vee d), \quad (a \wedge c) \sim_F (b \wedge d), \quad a' \sim_F b'.$$

2.3. 準同型写像と超フィルター

証明 $a \sim_F b, c \sim_F d$ から, $a \wedge e = b \wedge e, c \wedge f = d \wedge f$ となる $e, f \in F$ が存在する. よって, $(a \wedge c) \wedge (e \wedge f) = (b \wedge d) \wedge (e \wedge f)$ となり, $e \wedge f \in F$ なので, $(a \wedge c) \sim_F (b \wedge d)$.

次に, $(a \vee c) \wedge (e \wedge f) = (a \wedge e \wedge f) \vee (c \wedge e \wedge f) = (b \wedge e \wedge f) \vee (d \wedge e \wedge f) = (b \vee d) \wedge (e \wedge f)$ となるので, $(a \vee c) \sim_F (b \vee d)$.

最後に, $a \wedge e = b \wedge e$ から, $e = e \wedge (b \vee b') = (e \wedge b) \vee (e \wedge b') = (a \wedge e) \vee (e \wedge b')$ となり, $a' \wedge e = a' \wedge ((a \wedge e) \vee (e \wedge b')) = (a' \wedge (a \wedge e)) \vee (a' \wedge (e \wedge b')) = a' \wedge b' \wedge e$ となる. 同様に, $e = e \wedge (a \vee a') = (e \wedge a) \vee (e \wedge a') = (b \wedge e) \vee (e \wedge a')$ から, $b' \wedge e = b' \wedge ((b \wedge e) \vee (e \wedge a')) = (b' \wedge (b \wedge e)) \vee (b' \wedge (e \wedge a')) = a' \wedge b' \wedge e$ となる. よって, $e \in F$ に対し, $a' \wedge e = b' \wedge e$ となるので, $a' \sim_F b'$. □

命題 2.15 F をブール代数 $\mathcal{B}$ における固有フィルターとする. いま, $\mathcal{B}$ 上の 2 項演算 $\rightleftharpoons$ を $a \rightleftharpoons b := (a \vee b') \wedge (a' \vee b)$ によって定義するとき, 次が成り立つ: 任意の $a, b \in B$ について,

1. $a \sim_F b \iff a \rightleftharpoons b \in F$
2. $a \rightleftharpoons b = 1 \iff a = b$ (この 2 はフィルター F に依存しない)

証明 1. $\implies$: $a \sim_F b$ とする. つまり, $a \wedge c = b \wedge c$ となる $c \in F$ が存在するとする. このとき, $a \wedge c = b \wedge c \leq b$. 命題 2.2, 5 により, $c \leq a' \vee b$. 同様に, $b \wedge c = a \wedge c \leq a$ から $c \leq a \vee b'$. よって, $c \leq (a \vee b') \wedge (a' \vee b)$ となり, F はフィルターなので, $(a \vee b') \wedge (a' \vee b) = a \rightleftharpoons b \in F$.

$\impliedby$: いま, $a \rightleftharpoons b = (a \vee b') \wedge (a' \vee b) \in F$ とすると, $a \wedge ((a \vee b') \wedge (a' \vee b)) = (a \wedge (a \vee b')) \wedge (a' \vee b) = a \wedge (a' \vee b) = (a \wedge a') \vee (a \wedge b) = a \wedge b$. 同様に, $b \wedge ((a \vee b') \wedge (a' \vee b)) = (a \vee b') \wedge (b \wedge (a' \vee b)) = (a \vee b') \wedge b = (a \wedge b) \vee (b' \wedge b) = a \wedge b$. よって, $c := (a \vee b') \wedge (a' \vee b)$ とすれば, $a \wedge c = b \wedge c$ となる $c \in F$ が存在するので, $a \sim_F b$.

2.
$$a \rightleftharpoons b = 1 \iff (a \vee b') \wedge (a' \vee b) = 1$$
$$\iff a \vee b' = 1 \text{ かつ } a' \vee b = 1$$
$$\iff b \leq a \text{ かつ } a \leq b$$
$$\iff a = b$$
□

定義 2.12 F をブール代数 $\mathcal{B}$ における固有フィルターとする. いま, 任意の $a \in B$ について, a の F に関する同値類 $|a|_F$ および B/F を次のように定義する:

$$|a|_F := \{x \in B \mid a \sim_F x\}, \quad B/F := \{|a|_F \mid a \in B\}$$

なお，F が明らかなときは，$|a|_F$ を $|a|$ のように略記する．さて，任意の $|a|, |b| \in B/F$ について，

$$|a| \vee |b| := |a \vee b|, \quad |a| \wedge |b| := |a \wedge b|, \quad |a|' := |a'|$$

のように 3 つの演算 $\vee, \wedge, '$ を B/F の元に対して定義すると，命題 2.14 により，代数 $\mathcal{B}/F = \langle B/F, \vee, \wedge, ', 0, 1 \rangle$（ただし，$0 = |0|, 1 = |1|$）はブール代数となる．これを，$F$ を法とする $\mathcal{B}$ の**商代数** (the quotient algebra of $\mathcal{B}$ modulo F) という．

そして，写像 $h : B \longrightarrow B/F$ を $B \ni a \mapsto |a| \in B/F$ により定義すると，h は $\mathcal{B}$ から $\mathcal{B}/F$ の上への**自然な準同型写像** (the natural homomorphism from $\mathcal{B}$ onto $\mathcal{B}/F$) となる．

命題 2.16 定義 2.12 の商代数 $\mathcal{B}/F$ に関して次が成り立つ：

1. $|a| = |b| \Longleftrightarrow a \sim_F b$
2. $|a| = 1 \Longleftrightarrow a \in F$
3. $|a| = 0 \Longleftrightarrow a' \in F$

証明 2 についてのみ示す．

$$\begin{aligned}
|a| = 1 &\Longleftrightarrow |a| = |1| \\
&\Longleftrightarrow a \sim_F 1 \quad (1 \text{ より}) \\
&\Longleftrightarrow a \rightleftharpoons 1 \in F \quad (\text{命題 2.15, 1 より}) \\
&\Longleftrightarrow (a \vee 1') \wedge (a' \vee 1) \in F \\
&\Longleftrightarrow a \in F
\end{aligned}$$
□

命題 2.17 写像 $f : B_1 \longrightarrow B_2$ をブール代数 $\mathcal{B}_1$ からブール代数 $\mathcal{B}_2$ への準同型写像とする．このとき，f の外皮 $S_f = \{x \in B_1 \mid f(x) = 1_{\mathcal{B}_2}\}$ は固有フィルターであり，$\mathcal{B}_1/S_f$ と $\mathcal{B}_2$ の部分ブール代数である $f(\mathcal{B}_1) = \langle f(B_1), \vee, \wedge, ', 0, 1 \rangle$ は同型である．

証明 以下，$1_{\mathcal{B}_2}$ の $_{\mathcal{B}_2}$ は省略する．
 1. $S_f = \{x \in B_1 \mid f(x) = 1\}$ が固有フィルターであること：

2.3. 準同型写像と超フィルター

(1) いま, もし, $0 \in S_f$ とすると, $f(0) = 1$ となる. また, 命題 2.12 の 1 から, $f(0) = 0$ なので, $\mathcal{B}_2$ において, $0 = 1$ となってしまう. つまり, $\mathcal{B}_2$ は 1 元ブール代数となるが, いまは, 1 元ブール代数を扱っていないので, $0 \notin S_f$ となる.

(2) $a, b \in S_f$ とすると, $f(a) = f(b) = 1$. ところで, $f(a \wedge b) = f(a) \wedge f(b) = 1$ となるので, $a \wedge b \in S_f$.

(3) $a \in S_f, b \in B_1, a \leq b$ とすると, $1 = f(a) \leq f(b)$, つまり, $f(b) = 1$. よって, $b \in S_f$.

2. 写像 $h : B_1/S_f \longrightarrow f(B_1)$ を $B_1/S_f \ni |a| \mapsto f(a) \in f(B_1)$ で定義する (ただし, $a \in B_1$). このとき, 任意の $a, b \in B_1$ について,

$$
\begin{aligned}
|a| = |b| &\iff a \sim_{S_f} b \\
&\iff a \rightleftharpoons b \in S_f & \text{(命題 2.15, 1 より)} \\
&\iff f(a \rightleftharpoons b) = 1 & \text{(S_f の定義)} \\
&\iff f(a) \rightleftharpoons f(b) = 1 & \text{(f は準同型写像)} \\
&\iff f(a) = f(b) & \text{(命題 2.15, 2 より)}
\end{aligned}
$$

となる. よって, h は写像として well-defined で, $|a| \neq |b| \Longrightarrow f(a) \neq f(b)$ となり, 単射である. また, h が準同型写像であることは f が準同型写像であることから明らかである. さらに, 任意の $x \in f(B_1)$ について, $x = f(a)$ となる $a \in B_1$ が存在し, $|a| \in B_1/S_f$ も存在する. よって h は全射でもあるので, B_1/S_f から $f(B_1)$ への同型写像である. □

命題 2.18 ブール代数 $\mathcal{B}_1$ からブール代数 $\mathcal{B}_2$ への準同型写像 $f : B_1 \longrightarrow B_2$ について, 次の 5 つはみな同値である : 任意の $a \in B_1$ に対して,

1. f は単射
2. $K_f = f^{-1}(\{0_{\mathcal{B}_2}\}) = \{0_{\mathcal{B}_1}\}$
3. $f(a) = 0_{\mathcal{B}_2}$ ならば $a = 0_{\mathcal{B}_1}$
4. $S_f = f^{-1}(\{1_{\mathcal{B}_2}\}) = \{1_{\mathcal{B}_1}\}$
5. $f(a) = 1_{\mathcal{B}_2}$ ならば $a = 1_{\mathcal{B}_1}$

証明 以下, $0_{\mathcal{B}_1}$ などの $_{\mathcal{B}_1}$ や $_{\mathcal{B}_2}$ は省略する.

$1 \Longrightarrow 2$: f が単射であるとする. このとき, $f(0) = 0$ であるが, $f(a) = 0$ とすると, $a = 0$ となる. よって, $f^{-1}(\{0\}) = \{0\}$.

$2 \Longrightarrow 3$: $f(a) = 0_{\mathcal{B}_2}$ とする. このとき, 2 から, $a = 0$.

$3 \Longrightarrow 4$: $f(1) = 1$ から, $1 \in f^{-1}(\{1\})$. いま, もし, $f(a) = 1$ かつ $a \neq 1$ となる $a \in B_1$ が存在するとすると, $f(a') = (f(a))' = 0$ となり, 3 から, $a' = 0$ となる. つまり, $a = 1$. これは矛盾である. よって, $f(a) = 1$ となる a は $1 \in B_1$ しかない. つまり, $f^{-1}(\{1\}) = \{1\}$.

$4 \Longrightarrow 5$: $f(a) = 1$ とすると, 4 から, $a = 1$.

$5 \Longrightarrow 1$: 任意の $a, b \in B_1$ について, $f(a) = f(b)$ とすると, $f(a \vee b') = f(a) \vee f(b') = f(a) \vee (f(b))' = f(a) \vee (f(a))' = 1$. よって, 5 から, $a \vee b' = 1$ となり, $b \leq a$ となる. 同様に, $f(a' \vee b) = 1$ から $a' \vee b = 1$ となり, $a \leq b$ となる. 以上から, $a = b$. □

つまり, f が単射であることと, K_f が単集合 $\{0_{\mathcal{B}_1}\}$ であることや, S_f が単集合 $\{1_{\mathcal{B}_1}\}$ であることなどがそれぞれ同値になる.

次に, ブール代数における極大フィルターや超フィルターなどに関する重要な性質を示す. まず, 次の定義をする.

定義 2.13 ブール代数 $\mathcal{B}$ の固有フィルター F が, 次の条件を満たすとき, それを**素フィルター** (prime filter) という: 任意の $a, b \in B$ について,

$$a \vee b \in F \implies (a \in F \text{ または } b \in F)$$

定理 2.19 ブール代数 $\mathcal{B}$ の固有フィルター F について, 次の 4 条件は互いに同値である:

1. $\mathcal{B}/F \cong \mathbf{2}$
2. F は極大フィルター
3. F は超フィルター
4. F は素フィルター

証明 2 と 3 が同値であることは, すでに命題 2.7 で証明したので, ここでは, 3 と 4, そして 1 と 3 がそれぞれ同値であることを示す.

$3 \Longrightarrow 4$: F が超フィルターであるとすると, 任意の $a \in B$ について, a または a' のどちらか一方のみが必ず F の元となる. そこで, ある $a, b \in B$ について, $a \vee b \in F, a \notin F, b \notin F$ とすると, $a' \in F$ かつ $b' \in F$ となり, $a' \wedge b' = (a \vee b)' \in F$ となる. よって, $a \vee b \notin F$ となり, 矛盾する. よって, 任意の $a, b \in B$ について, $a \vee b \in F$ ならば, $a \in F$ または $b \in F$.

2.3. 準同型写像と超フィルター

$4 \Longrightarrow 3$: 任意の $a \in B$ について，$a \vee a' = 1 \in F$. よって，F が素フィルターのとき，$a \in F$ または $a' \in F$. もちろん，$0 \notin F$ なので，$a \in F$ かつ $a' \in F$ ということはない．

$1 \Longrightarrow 3$: $\mathcal{B}/F \cong \mathbf{2}$ とする．このとき，任意の $a \in B$ について，$|a| = 1$ または $|a| = 0$. よって，命題 2.16 の 2, 3 により，$a \in F$ または $a' \in F$. もちろん，$0 \notin F$ なので，$a \in F$ かつ $a' \in F$ ということはない．

$3 \Longrightarrow 1$: 任意の $a \in B$ について，$a \in F$ または $a' \in F$ のいずれか一方のみが必ず成り立つとする．いま，写像 $h : B \longrightarrow B/F$ を B から B/F への自然な準同型写像とし，$a \in B$ について，$h(a) = |a| \neq 1$ とする．このとき，命題 2.16, 2 から $a \notin F$ となるので，$a' \in F$ となる．よって，同じく命題 2.16, 3 から $|a| = 0$ となる．つまり，任意の $|a| \in B/F$ について，$|a| = 1$ または $|a| = 0$ となる．したがって，$\mathcal{B}/F$ は $B/F = \{0, 1\}$ となるブール代数であり，$\mathcal{B}/F \cong \mathbf{2}$ となる． □

定義 2.14 B をブール代数とし，$F, G \subseteq B$ がそれぞれ，B のフィルターとイデアルであるとする．このとき，$\bar{F} := \{a' \in B \mid a \in F\}$ を F の**随伴** (adjoint) といい，$\bar{G} := \{a' \in B \mid a \in G\}$ を G の**随伴**という．

命題 2.20 ブール代数において，フィルターの随伴はイデアルであり，イデアルの随伴はフィルターである．

証明 いま，B をブール代数とし，$F \subseteq B$ をフィルターとする．このとき，$\bar{F} := \{a' \in B \mid a \in F\}$ がイデアルであることを示す．まず，$F \neq \emptyset$ なので，$\bar{F} \neq \emptyset$. また，次が成り立つ：

1. $a', b' \in \bar{F} \Longrightarrow a, b \in F \Longrightarrow a \wedge b \in F \Longrightarrow (a \wedge b)' = a' \vee b' \in \bar{F}$
2. $a' \leq b', b' \in \bar{F} \Longrightarrow b \leq a, b \in F \Longrightarrow a \in F \Longrightarrow a' \in \bar{F}$

よって，$\bar{F}$ はイデアルである．イデアルの随伴がフィルターであることも同様に示すことができる． □

ブール代数においては，フィルターの随伴の随伴はもとのフィルターであり，イデアルの随伴の随伴はもとのイデアルである．したがって，ブール代数では，そのフィルター全体とイデアル全体とは，随伴をとるという操作により，1 対 1 の対応が得られる．ハイティング代数では，フィルターとイデアルのこのような 1 対 1 の対応は得られない．なお，フィルターを使った，ブール代数の商代数については，第 5 章で再び取り上げる．

次に，**Tarski's Lemma** と呼ばれる定理を証明する．これは，1階述語論理体系の完全性定理の代数的証明に使われる重要な定理である．まず，キーとなる定義をする．

定義 2.15 $\{A_n \mid n \in \omega\}$ をブール代数 $\mathcal{B}$ の部分集合の可算集合で，各 A_n は下限をもつとする．その下限を a_n で表わす．つまり，

$$[\Pi] \quad 各 n \in \omega について, a_n := \bigwedge A_n$$

そして，F をブール代数 $\mathcal{B}$ の超フィルターとし，$h : B \longrightarrow B/F$ を B から B/F の上への自然な準同型写像とする．ここで，

$$各 n \in \omega について, h(a_n) = \bigwedge\{h(a) \mid a \in A_n\}$$

が成り立つとき，超フィルター F は交わり $[\Pi]$ を**保存**するという．

定理 2.21 (Tarski's Lemma) x をブール代数 $\mathcal{B}$ の元で，$x \neq 0$ とする．このとき，交わり $[\Pi]$ を保存し，x を元としてもつ $\mathcal{B}$ の超フィルターが存在する．

証明 1. 次のような性質を満たす点列 $\{b_n\}_{n \in \omega}$ を定義する：

各 $n \in \omega$ について，$b_n \in A_n$ で，しかも，集合 $\{x, a_0 \vee b_0{}', \ldots, a_n \vee b_n{}'\}$ は fip をもつ（ここで，各 a_n は，交わり $[\Pi]$ における a_n である）．

まず，集合の列 $C, C_0, C_1, \ldots, C_n, \ldots$ を以下のように定義する：

$C = \{x\} \quad (x \in B \text{ で } x \neq 0)$
$C_0 = C \cup \{a_0 \vee b_0{}'\} \quad (ただし，b_0 \in A_0 で, C \cup \{a_0 \vee b_0{}'\} は fip をもつ)$
$C_1 = C_0 \cup \{a_1 \vee b_1{}'\} \quad (ただし，b_1 \in A_1 で, C_0 \cup \{a_1 \vee b_1{}'\} は fip をもつ)$
$\quad \vdots$
$C_n = C_{n-1} \cup \{a_n \vee b_n{}'\}$
$\quad\quad (ただし，b_n \in A_n で, C_{n-1} \cup \{a_n \vee b_n{}'\} は fip をもつ)$
$\quad \vdots$

ここで，各 $n \in \omega$ について，C_n が fip をもつような $b_n \in A_n$ が存在することを帰納法により証明する．

2.3. 準同型写像と超フィルター

$n = 0$ のとき：いま，すべての $b \in A_0$ について，$y := x \wedge (a_0 \vee b') = 0$ とすると，$y = (x \wedge a_0) \vee (x \wedge b') = 0$ となり，$x \wedge a_0 = x \wedge b' = 0$ となる．つまり，命題 2.2, 4 により，$x \leq b$ が任意の $b \in A_0$ について成り立つので，$x \leq \bigwedge A_0 = a_0$ となる．よって，$x = x \wedge a_0 = 0$ となり，定理の仮定に反する．したがって，$y = x \wedge (a_0 \vee b_0') \neq 0$ となるような $b_0 \in A_0$ が存在する．なお，そうした $b_0 \in A_0$ について，$a_0 \vee b_0' \neq 0$ となるので，$C_0 = \{x, a_0 \vee b_0'\}$ は fip をもつ．

いま，$C_{n-1} = C_{n-2} \cup \{a_{n-1} \vee b_{n-1}'\} = \{x, a_0 \vee b_0', \ldots, a_{n-1} \vee b_{n-1}'\}$ が fip をもつような各 $b_i \in A_i$ ($0 \leq i \leq n-1$) が存在すると仮定する (帰納法の仮定)．このとき，$C_n = C_{n-1} \cup \{a_n \vee b_n'\}$ が fip をもつような $b_n \in A_n$ が存在することを示す．

いまここで，任意の $b \in A_n$ について，$y := x \wedge (a_0 \vee b_0') \wedge \ldots \wedge (a_{n-1} \vee b_{n-1}') \wedge (a_n \vee b') = 0$ と仮定する．帰納法の仮定から，$z := x \wedge (a_0 \vee b_0') \wedge \ldots \wedge (a_{n-1} \vee b_{n-1}') \neq 0$ である．そこで，$y = z \wedge (a_n \vee b') = (z \wedge a_n) \vee (z \wedge b') = 0$ であるから，$z \wedge a_n = z \wedge b' = 0$ となる．つまり，任意の $b \in A_n$ について，$z \leq b$ となる．よって，$z \leq \bigwedge A_n = a_n$ となる．このとき，$z = z \wedge a_n = 0$ となり，上の $z \neq 0$ に反する．したがって，$y = x \wedge (a_0 \vee b_0') \wedge \ldots \wedge (a_n \vee b_n') \neq 0$ となる $b_n \in A_n$ が存在する．このとき，$0 \neq y \leq (a_n \vee b_n')$ だから，$a_n \vee b_n' \neq 0$ となる．さらに，$C_{n-1} = \{x, a_0 \vee b_0', \ldots, a_{n-1} \vee b_{n-1}'\}$ は fip をもつことから，$C_n = C_{n-1} \cup \{a_n \vee b_n'\}$ も fip をもつ．

以上から，任意の $n \in \omega$ について，$b_n \in A_n$ が存在し，$C_n = \{x, a_0 \vee b_0', \ldots, a_n \vee b_n'\}$ は fip をもつ．つまり，集合 $\{x, a_0 \vee b_0', \ldots, a_n \vee b_n', \ldots\}$ は fip をもつ．

2. 次に，交わり $[\Pi]$ を保存し，x を元として含む $\mathcal{B}$ の超フィルターが存在することを示す．

上の 1 で得られた，fip をもつ集合 $\{x, a_0 \vee b_0', \ldots, a_n \vee b_n', \ldots\}$ は，前節の系 2.9 により，この集合を含む $\mathcal{B}$ の超フィルター F に拡大できる．つまり，$x \in F$．ここで，$h : \mathcal{B} \longrightarrow \mathcal{B}/F$ を $\mathcal{B}$ から $\mathcal{B}/F$ の上への自然な準同型写像とする．各 $n \in \omega$ について，$a_n \vee b_n' \in F$, $b_n \in A_n$ なので，命題 2.16, 2 により，$|a_n \vee b_n'| = h(a_n \vee b_n') = h(a_n) \vee h(b_n)' = 1$ となる．つまり，$h(b_n) \leq h(a_n)$ となる．よって，

(1) $\bigwedge \{h(b) \mid b \in A_n\} \leq h(b_n) \leq h(a_n)$

他方，$a_n = \bigwedge A_n$ なので，任意の $b \in A_n$ について，$a_n \leq b$ となる．つまり，任意の $b \in A_n$ について，$h(a_n) \leq h(b)$ となるので，

(2) $h(a_n) \leq \bigwedge\{h(b) \mid b \in A_n\}$

(1) と (2) から，$h(a_n) = \bigwedge\{h(b) \mid b \in A_n\}$ となり，x を元として含むこの超フィルター F は交わり $[\Pi]$ を保存する． □

注意 2.5 Tarski's Lemma のポイントの1つは，任意のブール代数 B に対して，完備ブール代数 B/F ($\cong \mathbf{2}$) が存在し，さらに，B において存在する無限 meet $\bigwedge A$ ($A \subseteq B$) を保存する準同型写像 $h : B \longrightarrow B/F$ が存在するということである．

なお，Tarski's Lemma は，もともと，Rasiowa and Sikorski (1950) において，位相空間論を利用して証明されたものである．

古典論理の完全性定理とは直接関係はないが，**LJ** の完全性定理の証明とも関係する，Stone (ストーン) によるブール代数の**表現定理** (Representation Theorem) を証明してこの章を締めくくりたい．Stone の表現定理には集合論バージョンと位相空間論バージョンの2つの形があるが，ここでは，前者を取り上げる．後者のバージョンについては，第5章の定理 5.22 で示す．

定理 2.22 (ブール代数の表現定理：集合論バージョン) 任意のブール代数に対し，それと同型になる集合ブール代数が存在する．

証明 B を任意のブール代数とし，B の超フィルター全体からなる集合を U とする．このとき，B から $\mathcal{P}(U)$ への写像 h を次のように定義する：

$$h : B \longrightarrow \mathcal{P}(U) \;;\; x \mapsto \{F \in U \mid x \in F\}$$

このとき，h は B から $\mathcal{P}(U)$ への埋め込みであることを示す．まず，h が単射であることを示すために，任意の $x, y \in B$ をとり，$x \neq y$ とする．このとき，前節の系 2.11 により，x, y のどちらか一方を元として含み，他方を含まない超フィルターが存在する．したがって，$h(x) \neq h(y)$．

次に，B における演算 $\vee, \wedge, '$ が h により保存されることを示す．まず，任意の $x, y \in B$ および任意の超フィルター $F \in U$ について，超フィルター (素フィルター) の性質から，

2.3. 準同型写像と超フィルター

$$x \vee y \in F \iff (x \in F \text{ または } y \in F)$$

となる．よって，

$$\begin{aligned}
F \in h(x \vee y) &\iff x \vee y \in F \\
&\iff x \in F \text{ または } y \in F \\
&\iff F \in h(x) \text{ または } F \in h(y) \\
&\iff F \in h(x) \cup h(y)
\end{aligned}$$

つまり，$h(x \vee y) = h(x) \cup h(y)$．また，$h(x \wedge y) = h(x) \cap h(y)$ についても同様に成り立つ．次に，補元についても，超フィルターの性質から，任意の $x \in B$ および任意の超フィルター $F \in U$ について，

$$x' \in F \iff x \notin F$$

となる．よって，

$$F \in h(x') \iff x' \in F \iff x \notin F \iff F \notin h(x) \iff F \in (h(x))^c$$

となる．つまり，$h(x') = (h(x))^c$．ここで，$(h(x))^c$ は $h(x)$ の U における補集合を表わす．

以上から，h は B から $\mathcal{P}(U)$ への埋め込み写像であり，$B \cong h(B)$ となる．なお，任意の $h(x), h(y) \in h(B)$ について，$h(x) \cup h(y) = h(x \vee y) \in h(B)$ となるということは，集合 $h(B)$ が集合演算 $\cup$ について閉じているということである．そして，上で見たように，$h(B) \subseteq \mathcal{P}(U)$ は $\cap$ および ^{c} についても閉じている．したがって，$h(B)$ はベキ集合ブール代数 $\mathcal{P}(U)$ の部分ブール代数となり，集合ブール代数である． □

上記証明における，B の超フィルター (素フィルター) 全体からなる集合 U を**ストーン空間** (Stone space) といい，写像 h を**ストーン写像**という．なお，第 5 章では，Rasiowa-Sikorski の埋め込み定理の証明にあたって，ストーン空間，ストーン写像などをよく使う．

分配束の表現定理，および，ハイティング代数の表現定理は第 5 章で証明する．また，オーソモジュラー束の表現定理は，本書では触れないが，Foulis によるオーソモジュラー束の表現定理が前田 (1980, p.95) で証明されている．

第3章　古典論理

　この章では，古典論理を扱う．論理体系としてはゲンツェン (G. Gentzen) による **LK** を取り上げる．**LK** について，その代数モデル (ブール代数) を取り上げ，完全性定理を証明する．まず，**LK** の言語 L についてまとめる．

3.1　言語 L の定義

定義 3.1　言語 L は以下の記号をもつ：

1. n 項述語記号：$p_1^n, p_2^n, p_3^n, \ldots$ 　（$n = 1, 2, 3, \ldots$）
2. 自由変項：$a_1, a_2, a_3, \ldots$
3. 束縛変項：$x_1, x_2, x_3, \ldots$
4. 個体定項：$c_1, c_2, c_3, \ldots$
5. 論理記号：$\neg, \wedge, \vee, \forall$
6. 補助記号：(,) , ,(コンマ)

そして，自由変項および個体定項を**個体項** (term) という．

定義 3.2　L の論理式は以下により定義される：

1. p_i^n が n 項述語記号で，$t_1, t_2, \ldots, t_n$ が個体項のとき，$p_i^n(t_1, t_2, \ldots, t_n)$ は論理式 (formula) である
2. φ, ψ が論理式のとき，$\neg\varphi, (\varphi \wedge \psi), (\varphi \vee \psi)$ も論理式である
3. $\varphi(a)$ が自由変項 a を含む論理式で，x が $\varphi(a)$ の中にない束縛変項のとき，$\varphi(a)$ の中の a をすべて x で置き換えたものを $\varphi(x)$ と表わす．このとき，$\forall x \varphi(x)$ も論理式である．
4. 以上によって得られるもののみが L の論理式である

なお，混乱が生じないかぎり，論理式のカッコは省略することがある．また，$(\varphi \to \psi)$, $\exists x \varphi(x)$ という形の論理式は，それぞれ，$(\neg \varphi \lor \psi)$, $\neg \forall x \neg \varphi(x)$ という形の論理式で定義されるものとする．

定義 3.3 $\varphi_1, \varphi_2, \ldots, \varphi_m, \psi_1, \psi_2, \ldots, \psi_n$ $(0 \leq m, n)$ を L の論理式とするとき，次の形の記号列を**式** (sequent) という：

$$\varphi_1, \varphi_2, \ldots, \varphi_m \Rightarrow \psi_1, \psi_2, \ldots, \psi_n$$

今後，ギリシア大文字 $\Gamma, \Delta, \Pi, \Lambda$ などを論理式の有限列 (空列も認める) を表わすメタ記号とする．

3.2 古典論理 LK の体系

ゲンツェンの **LK** は 1 つの公理と推論規則 (構造に関するものと論理記号に関するもの) から構成される体系である．なお，論理記号 $\to, \exists$ に関する推論規則は本来必要ないが，参考までに記しておく．また，各推論で，横線の上にある式を**上式** (upper sequent) といい，下にある式を**下式** (lower sequent) という．

定義 3.4 論理体系 **LK** は以下の公理と推論規則をもつ：

1. 公理：$\varphi \Rightarrow \varphi$
2. 推論規則：

構造に関する規則：

$$\text{増}: \quad \frac{\Gamma \Rightarrow \Delta}{\varphi, \Gamma \Rightarrow \Delta} \qquad\qquad \frac{\Gamma \Rightarrow \Delta}{\Gamma \Rightarrow \Delta, \varphi}$$

$$\text{減}: \quad \frac{\varphi, \varphi, \Gamma \Rightarrow \Delta}{\varphi, \Gamma \Rightarrow \Delta} \qquad\qquad \frac{\Gamma \Rightarrow \Delta, \varphi, \varphi}{\Gamma \Rightarrow \Delta, \varphi}$$

$$\text{換}: \quad \frac{\Gamma, \varphi, \psi, \Pi \Rightarrow \Delta}{\Gamma, \psi, \varphi, \Pi \Rightarrow \Delta} \qquad\qquad \frac{\Gamma \Rightarrow \Delta, \varphi, \psi, \Lambda}{\Gamma \Rightarrow \Delta, \psi, \varphi, \Lambda}$$

$$\text{Cut}: \quad \frac{\Gamma \Rightarrow \Delta, \varphi \quad \varphi, \Pi \Rightarrow \Lambda}{\Gamma, \Pi \Rightarrow \Delta, \Lambda}$$

3.2. 古典論理 LK の体系

論理記号に関する規則：

$\neg:\quad \dfrac{\Gamma \Rightarrow \Delta, \varphi}{\neg\varphi, \Gamma \Rightarrow \Delta} \qquad\qquad \dfrac{\varphi, \Gamma \Rightarrow \Delta}{\Gamma \Rightarrow \Delta, \neg\varphi}$

$\wedge:\quad \dfrac{\varphi, \Gamma \Rightarrow \Delta}{\varphi \wedge \psi, \Gamma \Rightarrow \Delta} \qquad\qquad \dfrac{\Gamma \Rightarrow \Delta, \varphi \quad \Gamma \Rightarrow \Delta, \psi}{\Gamma \Rightarrow \Delta, \varphi \wedge \psi}$

$\quad \dfrac{\psi, \Gamma \Rightarrow \Delta}{\varphi \wedge \psi, \Gamma \Rightarrow \Delta}$

$\vee:\quad \dfrac{\varphi, \Gamma \Rightarrow \Delta \quad \psi, \Gamma \Rightarrow \Delta}{\varphi \vee \psi, \Gamma \Rightarrow \Delta} \qquad \dfrac{\Gamma \Rightarrow \Delta, \varphi}{\Gamma \Rightarrow \Delta, \varphi \vee \psi}$

$\qquad\qquad\qquad\qquad\qquad\qquad \dfrac{\Gamma \Rightarrow \Delta, \psi}{\Gamma \Rightarrow \Delta, \varphi \vee \psi}$

$\rightarrow:\quad \dfrac{\Gamma \Rightarrow \Delta, \varphi \quad \psi, \Pi \Rightarrow \Lambda}{\varphi \rightarrow \psi, \Gamma, \Pi \Rightarrow \Delta, \Lambda} \qquad \dfrac{\varphi, \Gamma \Rightarrow \Delta, \psi}{\Gamma \Rightarrow \Delta, \varphi \rightarrow \psi}$

$\forall:\quad \dfrac{\varphi(t), \Gamma \Rightarrow \Delta}{\forall x\varphi(x), \Gamma \Rightarrow \Delta} \qquad\qquad \dfrac{\Gamma \Rightarrow \Delta, \varphi(a)}{\Gamma \Rightarrow \Delta, \forall x\varphi(x)}$
 t は任意の個体項 $\qquad\qquad\qquad a$ は下式に現わ
$\qquad\qquad\qquad\qquad\qquad\qquad$ れない自由変項

$\exists:\quad \dfrac{\varphi(a), \Gamma \Rightarrow \Delta}{\exists x\varphi(x), \Gamma \Rightarrow \Delta} \qquad\qquad \dfrac{\Gamma \Rightarrow \Delta, \varphi(t)}{\Gamma \Rightarrow \Delta, \exists x\varphi(x)}$
 a は下式に現わ $\qquad\qquad\qquad t$ は任意の個体項
 れない自由変項

注意 3.1 Cut 以外の各推論規則では，左側のものと右側のものとを区別する．たとえば，増の規則では，左側のものを増左といい，右側のものを増右という．規則 $\wedge$ と $\vee$ では，$\wedge$ 左と $\vee$ 右 がともに 2 つ存在することになる．

定義 3.5 LK における**証明** (**形式的証明**) とは，公理から始まり，推論規則を有限回適用して得られる式の列で，最初に使われる公理を**始式** (initial sequent)，最終的に得られる式を**終式** (end sequent) という．式 $\Gamma \Rightarrow \Delta$ の証明が存在するとき，**LK**$\vdash \Gamma \Rightarrow \Delta$ あるいは $\vdash \Gamma \Rightarrow \Delta$ のように書く．

なお，**LK** においては，式 $\varphi_1,\ldots,\varphi_m \Rightarrow \psi_1,\ldots,\psi_n$ は次の式と同等である：

$$\varphi_1 \wedge \cdots \wedge \varphi_m \Rightarrow \psi_1 \vee \cdots \vee \psi_n$$

つまり，

命題 3.1 $\vdash \varphi_1,\ldots,\varphi_m \Rightarrow \psi_1,\ldots,\psi_n \iff \vdash \varphi_1 \wedge \cdots \wedge \varphi_m \Rightarrow \psi_1 \vee \cdots \vee \psi_n$

次に，**LK** における証明の例を 2 つ記載する．なお，使用した推論規則名を補うことは読者に任せたい．

例 3.1 式 $\Rightarrow \varphi \vee \neg\varphi$ は証明可能である：

$$\frac{\dfrac{\dfrac{\dfrac{\dfrac{\dfrac{\varphi \Rightarrow \varphi}{\Rightarrow \varphi, \neg\varphi}}{\Rightarrow \varphi, \varphi \vee \neg\varphi}}{\Rightarrow \varphi \vee \neg\varphi, \varphi}}{\Rightarrow \varphi \vee \neg\varphi, \varphi \vee \neg\varphi}}{\Rightarrow \varphi \vee \neg\varphi}}$$

例 3.2 式 $\varphi \wedge (\varphi \to \psi) \Rightarrow \psi$ は証明可能である：

$$\frac{\dfrac{\dfrac{\dfrac{\dfrac{\dfrac{\varphi \Rightarrow \varphi \qquad \psi \Rightarrow \psi}{\varphi \to \psi, \varphi \Rightarrow \psi}}{\varphi \wedge (\varphi \to \psi), \varphi \Rightarrow \psi}}{\varphi, \varphi \wedge (\varphi \to \psi) \Rightarrow \psi}}{\varphi \wedge (\varphi \to \psi), \varphi \wedge (\varphi \to \psi) \Rightarrow \psi}}{\varphi \wedge (\varphi \to \psi) \Rightarrow \psi}}$$

LK に対して，次の基本定理 (Cut 消去定理) が成立する．証明はここでは省略する．竹内・八杉 (1988) などの証明論のテキストを参照．

定理 3.2 (基本定理) **LK** の式 $\Gamma \Rightarrow \Delta$ が **LK** で証明可能ならば，この式は，Cut を使用することなく証明可能である．

この基本定理の系として次の定理が証明できる．

定理 3.3 **LK** は無矛盾である．

3.3 LK の解釈とモデル

前の 2 節では，論理体系 **LK** の言語を定義し，それに基づく推論の体系を規定した．つまり，**LK** において使える記号とそれらの結合方法を定義し，論理式および式を定義した．そして，そうした式をどのように操作し，結び付けることが **LK** において「正しい推論」であるかを公理体系として規定した．本節では，**LK** で使われる各種記号に解釈 (意味) を与え，それに基づき，論理式に真あるいは偽という解釈を与えることを考える．さらに論理式の真偽に基づき，式にも真・偽という解釈を与える．なお，本書では，解釈という表現と同義的表現として**構造** (structure) という言葉も使うが，本章では，「解釈」を使う．

LK の解釈 (interpretation) $\mathcal{M}$ には，論理記号 $\forall, \exists$ の解釈に関係する対象領域 (universe of discourse, domain) M が存在する．この M は空でない集合である．なお，任意の M の元 d に対して，それに対応する個体定項 $\bar{d}$ を言語 L に付加し拡大した言語を $L(M)$ とする．つまり，

$$L(M) := L \cup \{\bar{d} \mid d \in M\}$$

今後，解釈 $\mathcal{M}$ を考えるとき，具体的には拡張された言語 $L(M)$ をもとにして解釈を考えることになる．なお，$\bar{d}$ は $d \in M$ に対する名前，つまり，M の元を他の元と識別するための記号であり，$^{-}$ には特別の意味はない．たとえば，M が名前 (記号) の集合であれば $L(M) := L \cup M$ とすればよい．名前に名前をつけることはしない．

定義 3.6 **LK** の解釈 $\mathcal{M}$ は言語 $L(M)$ の個体定項，述語記号に対して次のような解釈を与える：

1. 任意の L の個体定項 c に対して，$\mathcal{M}(c) \in M$
2. 任意の $d \in M$ に対して，$\mathcal{M}(\bar{d}) = d \in M$
3. 任意の n 項述語記号 p^n に対して，$\mathcal{M}(p^n) \subseteq M^n$

定義 3.7 言語 L の各自由変項に対し，対象領域 M の元を割り当てる写像 (**付値関数**) を v とする．つまり，

$$v : FV \longrightarrow M \quad \text{ただし}, FV := \{a \in L \mid a \text{ は } L \text{ の自由変項}\}$$

このような v を次のように拡張し，$L(M)$ の個体項全体から M への写像 (**拡大付値関数**) $\bar{v}$ を考える：

1. 各自由変項 a に対し，$\bar{v}(a) := v(a)$
2. 各個体定項 $c \in L$ に対し，$\bar{v}(c) := \mathcal{M}(c)$
3. 各 $d \in M$ に対し，$\bar{v}(\bar{d}) := \mathcal{M}(\bar{d})$

解釈 $\mathcal{M}$ に関する，ある付値関数 v が与えられたとき，拡大付値関数 $\bar{v}$ は明らかに一意に決まる．さて，次に，**LK** の論理式および式の解釈を定義する．

定義 3.8 解釈 $\mathcal{M}$ において，付値関数 v が言語 $L(M)$ の論理式 φ を**充足**する (satisfy)，$\mathcal{M} \models_v \varphi$，ということを次のように帰納的に定義する：

1. $\mathcal{M} \models_v p^n(t_1, \ldots, t_n) \overset{def}{\iff} \langle \bar{v}(t_1), \ldots, \bar{v}(t_n) \rangle \in \mathcal{M}(p^n)$
2. $\mathcal{M} \models_v \neg\varphi \overset{def}{\iff} \mathcal{M} \not\models_v \varphi$
3. $\mathcal{M} \models_v \varphi \wedge \psi \overset{def}{\iff} \mathcal{M} \models_v \varphi$ かつ $\mathcal{M} \models_v \psi$
4. $\mathcal{M} \models_v \varphi \vee \psi \overset{def}{\iff} \mathcal{M} \models_v \varphi$ または $\mathcal{M} \models_v \psi$
5. $\mathcal{M} \models_v \forall x \varphi(x) \overset{def}{\iff}$ 任意の $d \in M$ について，$\mathcal{M} \models_v \varphi(\bar{d})$

ただし，$\mathcal{M} \not\models_v \varphi$ は $\mathcal{M} \models_v \varphi$ の否定であり，$\varphi(\bar{d})$ は，$\varphi(x)$ の中の束縛変項 x をすべて $\bar{d}$ で置き換えた論理式を表わす．

定義 3.9 解釈 $\mathcal{M}$ において，言語 $L(M)$ の論理式 φ が**真** (true) である，$\mathcal{M} \models \varphi$，を次のように定義する：

$$\mathcal{M} \models \varphi \overset{def}{\iff} \text{任意の付値関数 } v \text{ について，} \mathcal{M} \models_v \varphi$$

定義 3.10 言語 L の論理式 φ が**妥当** (valid) である，$\models \varphi$，を次のように定義する：

$$\models \varphi \overset{def}{\iff} \text{任意の解釈 } \mathcal{M} \text{ において，} \mathcal{M} \models \varphi$$

定義 3.11 式の充足性，真，妥当性を以下のように定義する：

1. 解釈 $\mathcal{M}$ において，付値関数 v が言語 $L(M)$ の式 $\varphi_1, \ldots, \varphi_m \Longrightarrow \psi_1, \ldots, \psi_n$ を充足する，$\mathcal{M} \models_v \varphi_1, \ldots, \varphi_m \Longrightarrow \psi_1, \ldots, \psi_n$，を次のように定義する：

$$\mathcal{M} \models_v \varphi_1, \ldots, \varphi_m \Longrightarrow \psi_1, \ldots, \psi_n$$

3.4. 解釈の基本性質

$$\overset{def}{\iff} \mathcal{M} \models_v \neg(\varphi_1 \wedge \cdots \wedge \varphi_m) \vee (\psi_1 \vee \cdots \vee \psi_n)$$

2. 解釈 $\mathcal{M}$ において，言語 $L(M)$ の式 $\varphi_1,\ldots,\varphi_m \Longrightarrow \psi_1,\ldots,\psi_n$ が真である，$\mathcal{M} \models \varphi_1,\ldots,\varphi_m \Longrightarrow \psi_1,\ldots,\psi_n$，を次のように定義する：

$$\mathcal{M} \models \varphi_1,\ldots,\varphi_m \Longrightarrow \psi_1,\ldots,\psi_n$$

$\overset{def}{\iff}$ 任意の付値関数 v について，$\mathcal{M} \models_v \varphi_1,\ldots,\varphi_m \Longrightarrow \psi_1,\ldots,\psi_n$

3. 言語 L の式 $\varphi_1,\ldots,\varphi_m \Longrightarrow \psi_1,\ldots,\psi_n$ が妥当である，$\models \varphi_1,\ldots,\varphi_m \Longrightarrow \psi_1,\ldots,\psi_n$，を次のように定義する：

$$\models \varphi_1,\ldots,\varphi_m \Longrightarrow \psi_1,\ldots,\psi_n$$

$\overset{def}{\iff}$ 任意の解釈 $\mathcal{M}$ について，$\mathcal{M} \models \varphi_1,\ldots,\varphi_m \Longrightarrow \psi_1,\ldots,\psi_n$

定義 3.12 論理式 (式) を真とする解釈を，その論理式 (式) の**モデル** (model) という．論理式 (式) の集合について，その中のすべての論理式 (式) を真とする解釈を，その論理式 (式) の集合のモデルという．

3.4 解釈の基本性質

命題 3.4 $\mathcal{M}$ を任意の解釈とする．t を言語 $L(M)$ の任意の個体項とし，$\varphi(t)$ を，t を含む任意の $L(M)$ の論理式とする．いま，d を M の任意の元とし，v を $\bar{v}(t) = \bar{v}(\bar{d}) = d \in M$ となる任意の付値関数とすると，次が成り立つ：

$$\mathcal{M} \models_v \varphi(t) \iff \mathcal{M} \models_v \varphi(\bar{d})$$

ただし，$\varphi(\bar{d})$ は，$\varphi(t)$ における t をすべて $\bar{d}$ で置き換えた論理式である．

証明 $\varphi(t)$ の構成に関する帰納法による．

1. $\varphi(t)$ が $p^n(t_1,\ldots,t,\ldots,t_{n-1})$ のとき：

$$\begin{aligned}
\mathcal{M} &\models_v p^n(t_1,\ldots,t,\ldots,t_{n-1}) \\
&\iff \langle \bar{v}(t_1),\ldots,\bar{v}(t),\ldots,\bar{v}(t_{n-1}) \rangle \in \mathcal{M}(p^n) \\
&\iff \langle \bar{v}(t_1),\ldots,\bar{v}(\bar{d}),\ldots,\bar{v}(t_{n-1}) \rangle \in \mathcal{M}(p^n) \\
&\iff \mathcal{M} \models_v p^n(t_1,\ldots,\bar{d},\ldots,t_{n-1})
\end{aligned}$$

2. $\varphi(t)$ が $\neg\psi(t)$, $\psi(t)\vee\chi(t)$, $\psi(t)\wedge\chi(t)$ のとき：帰納法の仮定により明らか.

3. $\varphi(t)$ が $\forall x\psi(x,t)$ のとき：

$$\begin{aligned}\mathcal{M}\models_v \forall x\psi(x,t) &\iff \text{任意の } d'\in M \text{ について, } \mathcal{M}\models_v \psi(\bar{d}',t) \\ &\iff \text{任意の } d'\in M \text{ について, } \mathcal{M}\models_v \psi(\bar{d}',\bar{d}) \\ &\quad (\text{帰納法の仮定より}) \\ &\iff \mathcal{M}\models_v \forall x\psi(x,\bar{d})\end{aligned}$$
$\square$

命題 3.5 $\mathcal{M}$ を任意の解釈とし，v をその任意の付値関数とする．このとき，$L(M)$ の任意の論理式 φ,ψ,χ に対して次が成り立つ：

1. $\mathcal{M}\models_v \varphi \iff \mathcal{M}\models_v \neg\neg\varphi$
2. $\mathcal{M}\models_v \varphi \implies \mathcal{M}\models_v \varphi\vee\psi$
3. $\mathcal{M}\models_v \varphi\wedge\psi \implies \mathcal{M}\models_v \varphi$
4. $\mathcal{M}\models_v \varphi\wedge\psi \iff \mathcal{M}\models_v \psi\wedge\varphi$
5. $\mathcal{M}\models_v \varphi\vee\psi \iff \mathcal{M}\models_v \psi\vee\varphi$
6. $\mathcal{M}\models_v \neg(\varphi\wedge\psi) \iff \mathcal{M}\models_v \neg\varphi\vee\neg\psi$
7. $\mathcal{M}\models_v \neg(\varphi\vee\psi) \iff \mathcal{M}\models_v \neg\varphi\wedge\neg\psi$
8. $\mathcal{M}\models_v \varphi\wedge(\psi\vee\chi) \iff \mathcal{M}\models_v (\varphi\wedge\psi)\vee(\varphi\wedge\chi)$
9. $\mathcal{M}\models_v \varphi\vee(\psi\wedge\chi) \iff \mathcal{M}\models_v (\varphi\vee\psi)\wedge(\varphi\vee\chi)$
10. $\mathcal{M}\models_v \varphi\vee\neg\varphi$
11. $\mathcal{M}\models_v (\varphi\wedge\neg\varphi)\vee\psi \iff \mathcal{M}\models_v \psi$
12. $\mathcal{M}\models_v \neg\varphi(t) \implies \mathcal{M}\models_v \neg\forall x\varphi(x)$
13. $\mathcal{M}\models_v \forall x(\varphi\vee\psi(x)) \implies \mathcal{M}\models_v \varphi\vee\forall x\psi(x)$
    ただし，x は φ の中に現われない

証明 12 についてのみチェックする．いま，$\mathcal{M}\models_v \neg\varphi(t)$ とし，さらに $\mathcal{M}\not\models_v \neg\forall x\varphi(x)$ とする．後者から，$\mathcal{M}\models_v \forall x\varphi(x)$ となり，定義から，

(1) 任意の $d\in M$ について，$\mathcal{M}\models_v \varphi(\bar{d})$

となる．ところで，$\bar{v}(t)\in M$ なので，$\bar{v}(t)=\bar{v}(\bar{d}')$ となる $d'\in M$ が存在する．よって，$\mathcal{M}\models_v \neg\varphi(t)$ から，命題 3.4 により，$\mathcal{M}\models_v \neg\varphi(\bar{d}')$ となり，(1) に矛盾する．よって 12 が成り立つ． $\square$

3.4. 解釈の基本性質

命題 3.6 $\mathcal{M}$ を任意の解釈とし，φ は自由変項を含まない，$L(M)$ の任意の論理式とする．このとき，次が成り立つ：

ある付値関数 v について，$\mathcal{M} \models_v \varphi \iff$ 任意の付値関数 v' について，$\mathcal{M} \models_{v'} \varphi$

命題 3.7 $\mathcal{M}$ を任意の解釈とし，$\varphi(a)$ は自由変項 a を含む，$L(M)$ の任意の論理式とする．このとき，次が成り立つ：

$$\mathcal{M} \models \varphi(a) \implies \mathcal{M} \models \forall x \varphi(x)$$

証明 $\mathcal{M} \models \varphi(a)$，つまり，任意の v について，$\mathcal{M} \models_v \varphi(a)$ とする．このとき，v は任意なので，$v(a)$ も任意の $d \in M$ を値としてとりうる．よって，命題 3.4 により，任意の $d \in M$ について，$\mathcal{M} \models_v \varphi(\bar{d})$，つまり，$\mathcal{M} \models_v \forall x \varphi(x)$ となる．さらに，v は任意なので，$\mathcal{M} \models \forall x \varphi(x)$. □

定理 3.8 (LK の健全性定理) 言語 L の任意の式 $\Gamma \Rightarrow \Delta$ について，次が成り立つ：

$$\vdash \Gamma \Rightarrow \Delta \implies \models \Gamma \Rightarrow \Delta$$

証明 LK における証明は，公理から始め，推論規則を有限回適用して得られる．そこで，公理が妥当で，各推論規則が妥当性を保存する，つまり，各推論で，上式が妥当であれば，下式も妥当であるということを示せばよい．公理が妥当であることは明らかなので，推論規則について，妥当性を保存することを示すが，ここでは，∀左 のみチェックする．

いま，式 $\Gamma \Rightarrow \Delta$ が，$\varphi_1, \ldots, \varphi_m \Rightarrow \psi_1, \ldots, \psi_n$ のとき，命題 3.1 により，それを $\varphi_1 \land \cdots \land \varphi_m \Rightarrow \psi_1 \lor \cdots \lor \psi_n$ と同じものとして扱う．これを，$\bigwedge \Gamma \Rightarrow \bigvee \Delta$ のように表わすが，以下では，

$$\gamma := \bigwedge \Gamma, \quad \delta := \bigvee \Delta$$

と定義して，小文字のギリシア文字を使う．

∀左：この推論の上式は $\varphi(t) \land \gamma \Rightarrow \delta$ であり，下式は $\forall x \varphi(x) \land \gamma \Rightarrow \delta$ である．そこでいま，$\models \neg(\varphi(t) \land \gamma) \lor \delta$，つまり，任意の $\mathcal{M}, v$ について，$\mathcal{M} \models_v \neg(\varphi(t) \land \gamma) \lor \delta$ とする．このとき，次が成り立つ：

(1) $\mathcal{M} \models_v \neg\varphi(t)$ または (2) $\mathcal{M} \models_v \neg\gamma \lor \delta$

(2) のときは, $\mathcal{M} \models_v \neg \forall x \varphi(x) \vee \neg \gamma \vee \delta$ となり, $\mathcal{M} \models_v \forall x \varphi(x) \wedge \gamma \Rightarrow \delta$ となる. 他方 (1) のときは, 命題 3.5, 12 により, $\mathcal{M} \models_v \neg \forall \varphi(x)$ となるので, $\mathcal{M} \models_v \neg \forall x \varphi(x) \vee \neg \gamma \vee \delta$ となる. つまり, $\mathcal{M} \models_v \forall x \varphi(x) \wedge \gamma \Rightarrow \delta$. 以上から, いずれにしても, 任意の $\mathcal{M}, v$ について, $\mathcal{M} \models_v \forall x \varphi(x) \wedge \gamma \Rightarrow \delta$ となるので, $\models \forall x \varphi(x) \wedge \gamma \Rightarrow \delta$. □

3.5 LK の完全性定理

この節では LK の完全性定理の証明をする.

定義 3.13 LK を使い, 次のような, 言語 L の論理式に関する 2 項関係 $\equiv$ を定義する :

$$\varphi \equiv \psi \stackrel{def}{\iff} (\vdash \varphi \Rightarrow \psi \text{ かつ } \vdash \psi \Rightarrow \varphi)$$

この 2 項関係 $\equiv$ は明らかに論理式上の同値関係である. そこで, 言語 L の論理式全体を F_L とするとき, 各論理式の $\equiv$ に関する同値類を考える :

$$|\varphi|_\equiv := \{\psi \in F_L \mid \varphi \equiv \psi\}$$

以下において, $|\varphi|_\equiv$ を $|\varphi|$ のように略記する. そこで, F_L のこの同値類による分割 $F_L/\equiv$ を次のように定義する :

$$F_L/\equiv \; := \{|\varphi| \mid \varphi \in F_L\}$$

この $F_L/\equiv$ 上に順序関係 $\leq$ を次のように定義する : 各 $|\varphi|, |\psi| \in F_L/\equiv$ について,

$$|\varphi| \leq |\psi| \stackrel{def}{\iff} \vdash \varphi \Rightarrow \psi$$

命題 3.9 $F_L/\equiv$ および $\leq$ に関して, 以下の 1〜6 が成り立つ :

1. $F_L/\equiv$ 上の順序関係 $\leq$ は well-defined である
2. $\langle F_L/\equiv, \leq \rangle$ は順序集合である
3. $F_L/\equiv$ の任意の 2 元 $|\varphi|, |\psi|$ について, $\sup\{|\varphi|, |\psi|\}$ と $\inf\{|\varphi|, |\psi|\}$ が存在し, それぞれ, $|\varphi \vee \psi|, |\varphi \wedge \psi|$ に等しい. つまり,

$$|\varphi| \vee |\psi| = |\varphi \vee \psi|, \quad |\varphi| \wedge |\psi| = |\varphi \wedge \psi|$$

4. $\langle F_L/\equiv, \leq \rangle$ は分配律を満たす

3.5. LK の完全性定理

5. 任意の論理式 φ について, $|\varphi \vee \neg\varphi|$, $|\varphi \wedge \neg\varphi|$ はそれぞれ $\langle F_L/\equiv, \leq \rangle$ における最大元, 最小元である. つまり,

$$|\varphi \vee \neg\varphi| = 1, \quad |\varphi \wedge \neg\varphi| = 0$$

6. $\langle F_L/\equiv, \leq \rangle$ の任意の元 $|\varphi|$ は補元 $\neg|\varphi|$ をもつ

証明

1: 任意の $|\varphi_1|, |\varphi_2|, |\psi_1|, |\psi_2| \in F_L/\equiv$ について,

$$(|\varphi_1| = |\varphi_2|, \ |\psi_1| = |\psi_2|, \ |\varphi_1| \leq |\psi_1|) \implies |\varphi_2| \leq |\psi_2|$$

を示せばよい. しかしこれは, 関係 $\equiv$, $\leq$ などの定義からほぼ明らか.

2: 明らか.

3: $\vdash \varphi \Rightarrow \varphi \vee \psi$, $\vdash \psi \Rightarrow \varphi \vee \psi$ なので, $|\varphi| \leq |\varphi \vee \psi|$, $|\psi| \leq |\varphi \vee \psi|$ となる. 一方, 任意の $|\chi| \in F_L/\equiv$ が $|\varphi| \leq |\chi|$ かつ $|\psi| \leq |\chi|$ のとき, $\vdash \varphi \Rightarrow \chi$, $\vdash \psi \Rightarrow \chi$ となるので, $\vdash \varphi \vee \psi \Rightarrow \chi$, つまり, $|\varphi \vee \psi| \leq |\chi|$ となる. 以上から, $|\varphi \vee \psi| = \sup\{|\varphi|, |\psi|\}$. $\inf\{|\varphi|, |\psi|\}$ についても同様.

4: 明らか.

5: $\vdash \ \Rightarrow \varphi \vee \neg\varphi$ なので, 任意の論理式 χ について, $\vdash \chi \Rightarrow \varphi \vee \neg\varphi$, つまり, $|\chi| \leq |\varphi \vee \neg\varphi|$. よって, $|\varphi \vee \neg\varphi| = 1$. $|\varphi \wedge \neg\varphi| = 0$ についても同様.

6: 上記 3 と 5 から, $|\varphi \vee \neg\varphi| = |\varphi| \vee |\neg\varphi| = 1$, $|\varphi \wedge \neg\varphi| = |\varphi| \wedge |\neg\varphi| = 0$ となるので, $|\neg\varphi|$ は $|\varphi|$ の補元である. つまり, $\neg|\varphi| = |\neg\varphi|$. □

上記命題から, 次の命題が得られる:

命題 3.10 順序集合 $\langle F_L/\equiv, \leq \rangle$ はブール代数である. なお, このブール代数を **LK** の**リンデンバウム代数** (Lindenbaum algebra) という.

さらに, **LK** のリンデンバウム代数については, 次の命題が成り立つ:

命題 3.11 **LK** のリンデンバウム代数 $\langle F_L/\equiv, \leq \rangle$ について, 次が成り立つ:

1. $|\varphi| = 1 \iff \vdash \ \Rightarrow \varphi$
2. $|\varphi| = 0 \iff \vdash \varphi \Rightarrow$
3. $|\forall x \varphi(x)| = \bigwedge\{|\varphi(t)| \mid t \in T_L\}$
   ただし, T_L は言語 L の個体項の全体とする

証明 2と3についてチェックする.

2 : $|\varphi|=0$ とすると, $|\varphi| \leq |\varphi \wedge \neg\varphi|$ となり, $\vdash \varphi \Rightarrow \varphi \wedge \neg\varphi$ となる. **LK** において, $\vdash \varphi \wedge \neg\varphi \Rightarrow$ が成り立つので, Cut により, $\vdash \varphi \Rightarrow$.

逆に, $\vdash \varphi \Rightarrow$ のとき, $\vdash \varphi \Rightarrow \varphi \wedge \neg\varphi$ となり, $|\varphi| \leq |\varphi \wedge \neg\varphi| = 0$. つまり, $|\varphi|=0$.

3 : 任意の個体項 t について, $\vdash \forall x \varphi(x) \Rightarrow \varphi(t)$ なので, $|\forall x \varphi(x)| \leq |\varphi(t)|$ となる.

一方, 論理式 ψ を, 任意の $t \in T_L$ について, $\vdash \psi \Rightarrow \varphi(t)$ を満たすものとする. いま, t として, ψ, φ の中に存在しない自由変項 a をとると, 推論規則 $\forall$ 右により, $\vdash \psi \Rightarrow \forall x \varphi(x)$ となる. つまり, 各 $t \in T_L$ に対し, $|\psi| \leq |\varphi(t)|$ となる任意の $|\psi|$ について, $|\psi| \leq |\forall x \varphi(x)|$ となる.

以上から, $|\forall x \varphi(x)| = \bigwedge\{|\varphi(t)| \mid t \in T_L\}$. □

最後に, **LK** の完全性定理を証明する.

定理 3.12 (LK の完全性定理) 言語 L の任意の式 $\Gamma \Rightarrow \Delta$ について, 次が成り立つ:
$$\models \Gamma \Rightarrow \Delta \implies \vdash \Gamma \Rightarrow \Delta$$

証明 対偶 : $\nvdash \Gamma \Rightarrow \Delta \implies \nvDash \Gamma \Rightarrow \Delta$ を証明する. つまり, 式 $\Gamma \Rightarrow \Delta$ が **LK** において証明可能でないことを仮定して, この式を充足しない解釈および付値関数を, **LK** のリンデンバウム代数を利用して構成する. ところで,

$$\nvdash \Gamma \Rightarrow \Delta \iff \nvdash \bigwedge \Gamma \Rightarrow \bigvee \Delta \iff \nvdash \Rightarrow \neg\bigwedge\Gamma \vee \bigvee\Delta$$

なので, ここで, $\theta := \neg\bigwedge\Gamma \vee \bigvee\Delta$ とおくと, 仮定 $\nvdash \Gamma \Rightarrow \Delta$ は $\nvdash \Rightarrow \theta$ と同値になる. さて, このとき, 命題 3.11, 1 により, $|\theta| \neq 1$ となる. ところで, ここでもし, $|\neg\theta|=0$ とすると, $1 = |\theta \vee \neg\theta| = |\theta| \vee |\neg\theta| = |\theta|$ となり矛盾するので, $|\neg\theta| \neq 0$. また, 同じく命題 3.11, 3 により,

$$[\Pi] \quad |\forall x \varphi(x)| = \bigwedge\{|\varphi(t)| \mid t \in T_L\}$$

である. したがって, Tarski's Lemma (定理 2.21) により, $[\Pi]$ を保存し, $|\neg\theta|$ を元として含むリンデンバウム代数 $\mathcal{A} := \langle F_L/\equiv, \leq \rangle$ の超フィルター D が存在する. この D について, 次が成り立つ:

補題 (1)

3.5. LK の完全性定理

1. $|\neg\varphi| \in D \iff |\varphi| \notin D$
2. $|\varphi \wedge \psi| \in D \iff |\varphi| \in D$ かつ $|\psi| \in D$
3. $|\varphi \vee \psi| \in D \iff |\varphi| \in D$ または $|\psi| \in D$
4. $|\forall x \varphi(x)| \in D \iff$ 任意の $t \in T_L$ について, $|\varphi(t)| \in D$

補題 (1) の証明

1, 2, 3 は, 超フィルター (素フィルター) の性質から明らかなので, ここでは 4 のみチェックする.

$\Longrightarrow$: いま, $|\forall x \varphi(x)| \in D$ とする. このとき, 任意の $t \in T_L$ について, $|\forall x \varphi(x)| \leq |\varphi(t)|$ なので, $|\varphi(t)| \in D$ となる.

$\Longleftarrow$: D は $\mathcal{A} = \langle F_L/\equiv, \leq \rangle$ の超フィルターなので, $\mathcal{A}$ から $\mathcal{A}/D$ の上への自然な準同型写像 h が存在する:

$$h : F_L/\equiv \longrightarrow (F_L/\equiv)/D \; ; \quad F_L/\equiv \ni |\psi| \mapsto ||\psi|| \in (F_L/\equiv)/D$$

ただし, $||\psi||$ は, $|\psi|_{\equiv}|_D$ のことである. このとき, 第 2 章の命題 2.16, 2 により, 各 $|\psi| \in F_L/\equiv$ について,

$$|\psi| \in D \iff ||\psi|| = 1$$

となる. そこで, 各 $t \in T_L$ について, $|\varphi(t)| \in D$ とすると, $||\varphi(t)|| = 1$ となるので, D が $[\Pi]$ を保存することから,

$$\begin{aligned}
||\forall x \varphi(x)|| &= h(|\forall x \varphi(x)|) \\
&= \bigwedge \{h(|\varphi(t)|) \mid t \in T_L\} \\
&= \bigwedge \{||\varphi(t)|| \mid t \in T_L\} \\
&= 1
\end{aligned}$$

となり, $|\forall x \varphi(x)| \in D$ となる. 補題 (1)-□

さて次に, 上で得られた超フィルター D を使って, 解釈 $\mathcal{M}$ とそれに関する付値関数 v を以下のように定義する: (T_L を L の個体項全体からなる集合とする)

(1) $M := T_L$
(2) $L(M) := L \cup M = L$

そして, 各 n 項述語記号 P^n および L の各個体定項 c について,

(3) $\mathcal{M}(P^n) := \{\langle t_1, \ldots, t_n \rangle \in M^n \mid |P^n(t_1, \ldots, t_n)| \in D\}$

(4) $\mathcal{M}(c) := c \in M$

とし，さらに，付値関数 $v: FV \longrightarrow M$ は，$FV \ni a \mapsto a \in M$ として定義する．このとき，拡大付値関数 $\bar{v}$ は次のようになる：

(5) L の各自由変項 a に対して，$\bar{v}(a) := v(a)$

(6) L の各個体定項 c に対して，$\bar{v}(c) := \mathcal{M}(c)$

この定義により，任意の $t \in T_L$ について，$\bar{v}(t) = t \in M = T_L$ となる．さて，以上の準備のもと，次の補題が成り立つ：

補題 (2) 言語 L の任意の論理式 φ について，

$$\mathcal{M} \models_v \varphi \iff |\varphi| \in D$$

補題 (2) の証明

論理式 φ に関する帰納法による．上記解釈の定義や補題 (1) により，次のようになる：

1. φ が $p^n(t_1, \ldots, t_n)$ のとき：
$$\begin{aligned}\mathcal{M} \models_v p^n(t_1, \ldots, t_n) &\iff \langle \bar{v}(t_1), \ldots, \bar{v}(t_n) \rangle \in \mathcal{M}(p^n) \\ &\iff \langle t_1, \ldots, t_n \rangle \in \mathcal{M}(p^n) \\ &\iff |p^n(t_1, \ldots, t_n)| \in D\end{aligned}$$

2. φ が $\neg\psi$ のとき：
$$\begin{aligned}\mathcal{M} \models_v \neg\psi &\iff \mathcal{M} \not\models_v \psi \\ &\iff |\psi| \notin D \quad \text{(帰納法の仮定)} \\ &\iff |\neg\psi| \in D \quad \text{(補題 (1) の 1)}\end{aligned}$$

3. φ が $\psi \lor \chi$ あるいは $\psi \land \chi$ のとき：上記 2 の場合と同様．

4. φ が $\forall x \psi(x)$ のとき：
$$\begin{aligned}\mathcal{M} \models_v \forall x \psi(x) &\iff \text{任意の } t \in M \text{ について，} \mathcal{M} \models_v \psi(t) \\ &\iff \text{任意の } t \in M \text{ について，} |\psi(t)| \in D \text{ (帰納法の仮定)} \\ &\iff |\forall x \psi(x)| \in D \quad \text{(補題 (1) の 4)}\end{aligned}$$

補題 (2)-□

さて，$|\neg\theta| \in D$ なので，この補題 (2) により，$\mathcal{M} \models_v \neg\theta$，つまり，$\mathcal{M} \not\models_v \theta$ となる．したがって，θ，つまり，式 $\Gamma \Rightarrow \Delta$ を充足しない解釈と付値関数が存在することになり，$\not\models \Gamma \Rightarrow \Delta$ となる． □

3.5. **LK** の完全性定理

この **LK** の完全性定理の証明は **LK** の言語 L が可算無限の言語であることに依存している．L は可算無限個の記号 (特に個体項) から構成されていた．そして，上記証明で本質的に使われた Tarski's Lemma は，可算無限個の交わり [Π] の範囲内でのみ成立するものである．

第4章 位相空間論の基礎

この章では，本書で必要と思われる位相空間論のごく基本的なことがらについてまとめ，最後に，位相空間の正則開集合全体からなる集合が完備ブール代数になることを証明する．

4.1 位相空間論の基礎1

本節では，位相，開集合，閉集合，基底などの定義をし，それらの基本的な性質を理解する．

定義 4.1 X を空でない集合とする．X の部分集合族 $\mathcal{O}_X$ が次の3つの条件を満たすとき，$\mathcal{O}_X$ を X の**位相** (topology) という：

1. $\emptyset \in \mathcal{O}_X, \quad X \in \mathcal{O}_X$
2. $\mathcal{O}_X$ に属する有限個の集合の共通集合は $\mathcal{O}_X$ に属する
3. $\mathcal{O}_X$ に属する任意個の集合の和集合は $\mathcal{O}_X$ に属する

$\mathcal{O}_X$ の元を**開集合** (open set) といい，$\langle X, \mathcal{O}_X \rangle$ あるいは単に X を**位相空間** (topological space) という．X の元を**点** (point) ともいう．

定義 4.2 A を位相空間 X の部分集合とし，a を X の任意の点とする．このとき，a が条件：
$$a \in G \subseteq A \text{ となる開集合 } G \text{ が存在する}$$
を満たしているとき，a を A の**内点** (interior point) という．また，A の内点全体の集合を A の**内部** (interior) または**開核** (open kernel) といい，A° と書く．この記号 $\circ$ を内部作用素（開核作用素）という．さらに，点 a を含む開集合を a の**近傍** (neighborhood) あるいは**開近傍** (open neighborhood) といい，$U(a)$ のように書く．

A° に関して，次の性質が成り立つ．

命題 4.1 X を位相空間とし，$A \subseteq X$ とする．このとき，次が成り立つ：

1. A° は A の部分開集合全体の和集合である．つまり，
$$A^\circ = \bigcup \{G \mid G \subseteq A,\ G \text{ は開集合}\}$$
したがって，A° は A の最大の部分開集合である．
2. A が開集合 $\iff A = A^\circ$

証明 1. いま，$\mathcal{F} := \{G \mid G \subseteq A,\ G \text{ は開集合}\}$ とおくと，
$$a \in A^\circ \iff \exists G \in \mathcal{F}(a \in G) \iff a \in \bigcup \mathcal{F}$$

2. A が開集合のとき，A の最大の部分開集合は A 自身であるので，上の 1 から，$A = A^\circ$． 逆は明らか． □

A° をこの命題 4.1 の 1 によって定義することもある．また，この命題 4.1 の 2 は，位相空間の部分集合が開集合であるための必要十分条件を述べているが，もう少し別の表現もある．

命題 4.2 X を位相空間とし，$A \subseteq X$ とする．このとき，A が開集合であるための必要十分条件は次の条件である：任意の点 $a \in A$ に対して，
$$a \in U(a) \subseteq A \text{ となる } a \text{ の近傍 } U(a) \text{ が存在する}$$

したがって，A の点がすべて A の内点になっていること，式で表現すれば，$A \subseteq A^\circ$ であることが，A が開集合であるための必要十分条件である．

さて，内部作用素の基本性質は次のようにまとめることができる．

命題 4.3 X を位相空間とし，$A, B \subseteq X$ とする．このとき，次が成り立つ：

$I_1.\ (A \cap B)^\circ = A^\circ \cap B^\circ$
$I_2.\ A^\circ \subseteq A$
$I_3.\ A^{\circ\circ} = A^\circ$
$I_4.\ X^\circ = X$

4.1. 位相空間論の基礎1

証明 I_2, I_3, I_4 は定義 4.1 と命題 4.1 から明らかなので，I_1 についてのみ示す．まず，$A° \subseteq A$ および $B° \subseteq B$ から，$A° \cap B° \subseteq A \cap B$ となる．ここで，定義 4.1 の 2 から $A° \cap B°$ は開集合で，$(A \cap B)°$ は $A \cap B$ の部分集合で最大の開集合なので，$A° \cap B° \subseteq (A \cap B)°$ となる．

同様に，$(A \cap B)° \subseteq A \cap B \subseteq A$ から，$(A \cap B)° \subseteq A°$ となり，$(A \cap B)° \subseteq B°$ となる．よって，$(A \cap B)° \subseteq A° \cap B°$. □

注意 4.1 上記命題 4.3 は内部作用素の基本性質を示すのであるが，逆に，任意の空でない集合 X について，写像 $° : \mathcal{P}(X) \longrightarrow \mathcal{P}(X)$ が $I_1 \sim I_4$ の条件を満たすとき，1つの位相 $\mathcal{O}_X$ が一意に定まり，それは，命題 4.1 の 2 から $\mathcal{O}_X = \{A \subseteq X \mid A° = A\}$ となる．この写像 ° によって一意に決まる位相空間 $\langle X, \mathcal{O}_X \rangle$ を $\langle X, ° \rangle$ と表わすこともある．

実際，この集合 $\mathcal{O}_X$ の元は開集合の定義 (定義 4.1) の条件 1〜3 を満たす．条件 1 と 2 は明らかなので，条件 3 を見てみる．任意の $\{A_i\}_{i \in I} \subseteq \mathcal{O}_X$ について，$(\bigcup_i A_i)° = \bigcup_i A_i$ を示せばよい．$(\bigcup_i A_i)° \subseteq \bigcup_i A_i$ は上記条件 I_2 から明らか．また，任意の $A, B \subseteq X$ について，条件 I_1 を使うと，$A \subseteq B$ ならば $A = A \cap B$ から $A° = (A \cap B)° = A° \cap B°$ となり，$A° \subseteq B°$ となる．つまり，$A \subseteq B$ ならば $A° \subseteq B°$．この性質を使うと，任意の i について，$A_i \subseteq \bigcup_i A_i$ なので，$A_i = (A_i)° \subseteq (\bigcup_i A_i)°$ となる．よって，$\bigcup_i A_i \subseteq (\bigcup_i A_i)°$．

このように，上記命題 4.3 によって，任意の空でない集合 X に対して**位相を入れる (導入する)** ことができる．

この開集合の双対的概念として閉集合がある．つまり，

定義 4.3 X を位相空間とし，$A \subseteq X$ とする．A の X における補集合 A^c が開集合のとき，A を**閉集合** (closed set) という．

したがって，閉集合の補集合は開集合になる．そして，定義 4.1 と 4.3 から，補集合に関する，いわゆる，ド・モルガンの法則により，次が成り立つ：

命題 4.4 X を位相空間とし，その閉集合全体を $\mathcal{C}_X$ とするとき，次が成り立つ．

1. $\emptyset \in \mathcal{C}_X$ および $X \in \mathcal{C}_X$
2. $\mathcal{C}_X$ に属する任意個の集合の共通集合は $\mathcal{C}_X$ に属する
3. $\mathcal{C}_X$ に属する有限個の集合の和集合は $\mathcal{C}_X$ に属する

定義 4.1 と上記命題 4.4 から明らかなように，空集合 ∅ と X は開集合でもあり，閉集合でもある．このように，開集合でもあり，閉集合でもある X の部分集合を**開閉集合** (clopen set) という．

空でない集合 X が与えられ，その部分集合族 $\mathcal{C}_X$ が上記命題 4.4 の条件 1〜3 を満たすとき，$\mathcal{O}_X := \{A^c \mid A \in \mathcal{C}_X\}$ と定義すれば，$\mathcal{O}_X$ は定義 4.1 を満たすので，$\langle X, \mathcal{O}_X \rangle$ は位相空間となる．このように，任意の空でない集合 X に対して，上記命題 4.4 の条件 1〜3 を満たす X の部分集合族 $\mathcal{C}_X$ を使って X の位相を決めることができる．

定義 4.4 X を位相空間とし，$A \subseteq X$ とする．A を含む閉集合全体の共通集合を A の**閉包** (closure) といい，A^- と書く．つまり，

$$A^- = \bigcap \{G \mid A \subseteq G \subseteq X,\ G \text{ は閉集合}\}$$

なお，記号 $^-$ を閉包作用素という．また，A^- に属する点を A の**触点** (adherent point) という．

命題 4.4, 2 とこの定義 4.4 から，A^- は A を含む閉集合のうち，最小のものであることがわかる．したがって，次はほとんど明らかである：

命題 4.5 X を位相空間とし，$A \subseteq X$ とする．このとき，次が成り立つ：

1. $A \subseteq F \subseteq X$ かつ F は閉集合 $\implies A \subseteq A^- \subseteq F$
2. A が閉集合 $\iff A = A^-$

命題 4.3 と双対的に，閉集合の基本性質を次のようにまとめることができる．

命題 4.6 X を位相空間とし，$A, B \subseteq X$ とする．このとき，次が成り立つ：

$C_1.$ $(A \cup B)^- = A^- \cup B^-$
$C_2.$ $A \subseteq A^-$
$C_3.$ $A^{--} = A^-$
$C_4.$ $\emptyset^- = \emptyset$

命題 4.6 の性質 C_1〜C_4 を**クラトフスキの閉包公理** (Kuratowski Closure Axioms) という．この 4 つの公理を使って位相を定義することもできる．

ここで，内部や閉包に関する性質をまとめておく．

4.1. 位相空間論の基礎1

命題 4.7 X を位相空間とし，$A, B \subseteq X$ とする．このとき，次が成り立つ：

1. $X^\circ = X$, $\varnothing^\circ = \varnothing$
2. $X^- = X$, $\varnothing^- = \varnothing$
3. $A \subseteq B \Rightarrow A^\circ \subseteq B^\circ$
4. $A \subseteq B \Rightarrow A^- \subseteq B^-$
5. $A^{\circ\circ} = A^\circ$
6. $A^{--} = A^-$
7. $(A \cap B)^\circ = A^\circ \cap B^\circ$
8. $(A \cup B)^- = A^- \cup B^-$
9. $A^\circ \subseteq A$
10. $A \subseteq A^-$
11. $A^\circ = A^{c-c}$
12. $A^- = A^{c\circ c}$
13. $A^{\circ c} = A^{c-}$
14. $A^{c\circ} = A^{-c}$
15. $(A \cup B)^\circ \subseteq A^\circ \cup B^-$
16. $(A \cup B)^\circ \subseteq A^{\circ -} \cup B^{-\circ}$

証明 15 と 16 だけ証明する．

15 ： $(A \cup B) \cap B^c = (A \cap B^c) \cup (B \cap B^c) = A \cap B^c \subseteq A$ だから，$((A \cup B) \cap B^c)^\circ \subseteq A^\circ$ となる．よって，上記 7 から，$(A \cup B)^\circ \cap B^{c\circ} \subseteq A^\circ$ となる．これから，$((A \cup B)^\circ \cap B^{c\circ}) \cup B^{c\circ c} \subseteq A^\circ \cup B^{c\circ c}$．ここで，

$$((A \cup B)^\circ \cap B^{c\circ}) \cup B^{c\circ c} = ((A \cup B)^\circ \cup B^{c\circ c}) \cap (B^{c\circ} \cup B^{c\circ c})$$
$$= ((A \cup B)^\circ \cup B^{c\circ c}) \cap X$$
$$= (A \cup B)^\circ \cup B^{c\circ c}$$

となるので，$(A \cup B)^\circ \subseteq ((A \cup B)^\circ \cap B^{c\circ}) \cup B^{c\circ c} \subseteq A^\circ \cup B^{c\circ c}$ となる．よって，上記 12 から，$(A \cup B)^\circ \subseteq A^\circ \cup B^-$．

16 ： 上記 5 および 15 から，$(A \cup B)^\circ = (A \cup B)^{\circ\circ} \subseteq (A^\circ \cup B^-)^\circ$．また，上記 15 の A, B にそれぞれ B^-, A° を代入すると，$(A^\circ \cup B^-)^\circ \subseteq B^{-\circ} \cup A^{\circ -}$ となる．よって，$(A \cup B)^\circ \subseteq A^{\circ -} \cup B^{-\circ}$． □

定義 4.5 X を位相空間とし，$A \subseteq X$ とする．このとき，A の補集合の内部 $A^{c\circ}$ を A の**外部** (exterior) といい，A^e のように表わす．A の外部に属する点を A の**外点** (exterior point) という．

また，A の閉包と A の内部との差集合，つまり，A の内部にも外部にも属さない点全体からなる集合を A の**境界** (boundary) といい，A^b のように表わす．A^b に属する点を A の**境界点** (boundary point) という．

この定義から，$A^b = A^- - A^\circ$ となり，$A^- = A^\circ \cup A^b$ となる．さらに，命題 4.7 の 14 により，X の点は，A に関して，A^- に属するか，$A^e (= A^{c\circ} = A^{-c})$

に属するかのいずれかで，そのどちらにも属するということはない．つまり，X の任意の点は，$A \subseteq X$ に関して，その触点であるか外点であるかのいずれか一方が，そして一方のみが必ず成り立つ．別の言い方をすれば，X は 2 つの互いに共通部分をもたない (互いに素な) 部分 A^- と A^e に分割 (直和分割) できる．

さらに，この境界の定義から，X は，$A \subseteq X$ に関して，3 つの互いに素な部分 A°, A^b, A^e に直和分割できる．つまり，$X = A^\circ \cup A^b \cup A^e$ (直和) となる．

なお，閉集合については，さらに次の性質が成り立つ．

命題 4.8 X を位相空間とし，$A \subseteq X$ とする．このとき，A の閉包は次のように表現できる：

$$A^- = \{x \in X \mid x \text{ の任意の近傍 } U(x) \text{ について}, U(x) \cap A \neq \emptyset\}$$

証明 $x \notin A^-$ とすると，$x \in A^e = A^{c\circ}$ となる．A^e は x の近傍である．また，A^e と A^- は互いに素なので，A^e と $A (\subseteq A^-)$ も互いに素である．つまり，$A^e \cap A = \emptyset$ となる．以上から，$x \notin A^-$ とすると，x のある近傍 $U(x)$ が存在して，$U(x) \cap A = \emptyset$ となる．

逆に，x のある近傍 $U(x)$ に対し，$U(x) \cap A = \emptyset$ とすると，$U(x) \subseteq A^c$ となる．このとき，$U(x) = (U(x))^\circ \subseteq A^{c\circ} = A^e$ となり，$x \in A^e$，つまり，$x \notin A^-$ となる． □

定義 4.6 位相空間 $\langle X, \mathcal{O}_X \rangle$ において，$\mathcal{O}_X$ の部分集合 $\mathcal{E}$ が条件：

任意の開集合 $G \in \mathcal{O}_X$ が，$\mathcal{E}$ の元の和集合として表わせる

を満たすとき，$\mathcal{E}$ を $\mathcal{O}_X$ の**基底** (base) という．

さらに，$\mathcal{O}_X$ の部分集合 $\mathcal{F}$ が条件：

$\mathcal{F}$ の有限個の元の共通集合全体が $\mathcal{O}_X$ の基底になる

を満たすとき，$\mathcal{F}$ を $\mathcal{O}_X$ の**準基底** (subbase) という．

例 4.1 実数全体 $\mathbb{R}$ において，有界な開区間全体からなる集合族 $\mathcal{E}$，つまり，

$$\mathcal{E} := \{(a,b) \mid a, b \in \mathbb{R}, a < b\}$$

を基底とする位相を $\mathbb{R}$ の**通常位相** (the usual topology for $\mathbb{R}$) という．このとき，$\mathcal{O}_\mathbb{R}$ は，$\{\bigcup G \mid G \subseteq \mathcal{E}\}$ となる．

4.1. 位相空間論の基礎1

命題 4.9 X を任意の空でない集合とし，$\mathcal{A} \neq \emptyset$ をその部分集合族とする．この $\mathcal{A}$ が，X のある位相の基底であることと，次の2つの条件が満たされることとは同値である：

1. $X = \bigcup \mathcal{A}$
2. 任意の $A_1, A_2 \in \mathcal{A}$ について，$A_1 \cap A_2$ が $\mathcal{A}$ の元の和集合として表わせる．

証明 $\mathcal{A}$ が，X のある位相の基底となっているとする．このとき，X も開集合であるので，$X = \bigcup \mathcal{A}$ となる．また，$A_1, A_2 \in \mathcal{A}$ のとき，A_1 と A_2 は開集合なので，$A_1 \cap A_2$ も開集合となり，$\mathcal{A}$ の元の和集合として表わせる．

逆に，X の空でない部分集合族 $\mathcal{A}$ が条件1, 2を満たしているとする．このとき，$\mathcal{A}$ が X のある位相の基底になる，つまり，$\mathcal{A}$ の元の和集合全体 $\mathcal{T}$ が X の位相になることが次のように示される：

1. 条件1から，$X \in \mathcal{T}$. また，$I = \emptyset$ のとき，$\bigcup \{A_i \in \mathcal{A} \mid i \in I\} = \emptyset$ となり，$\emptyset \in \mathcal{T}$.
2. いま，$A, B \in \mathcal{T}$ とすると，$A = \bigcup_{i \in I} A_i$, $B = \bigcup_{j \in J} B_j$ のように表わせる（各 A_i, B_j は $\mathcal{A}$ の元）．このとき，$A \cap B$ は

$$A \cap B = (\bigcup_{i \in I} A_i) \cap (\bigcup_{j \in J} B_j) = \bigcup_{\langle i, j \rangle \in I \times J} (A_i \cap B_j)$$

となる．ここで，条件2から，各 i, j について，$A_i \cap B_j$ は $\mathcal{A}$ の元の和集合として表わせるので，$A \cap B \in \mathcal{T}$ となる．

3. いま，各 $i \in I$ について，$G_i \in \mathcal{T}$ とすると，各 G_i は $\mathcal{A}$ の元の和集合として表わせる．よって，$\bigcup_{i \in I} G_i$ も $\mathcal{A}$ の元の和集合として表わせる．すなわち，$\bigcup_{i \in I} G_i \in \mathcal{T}$. □

命題 4.10 空でない集合 X の2つの位相 $\mathcal{T}_1, \mathcal{T}_2$ が同じ準基底 $\mathcal{A}$ をもつとき，$\mathcal{T}_1 = \mathcal{T}_2$ となる．

証明 位相 $\mathcal{T}_1, \mathcal{T}_2$ が同じ準基底 $\mathcal{A}$ をもつとき，明らかに，$\mathcal{A} \subseteq \mathcal{T}_1$ かつ $\mathcal{A} \subseteq \mathcal{T}_2$ となる．ここで，$G \in \mathcal{T}_1$ とすると，$G = \bigcup_{i \in I} (A_{i1} \cap A_{i2} \cap \cdots \cap A_{in_i})$ と表わせる（$A_{i1}, A_{i2}, \cdots, A_{in_i}$ はみな $\mathcal{A}$ の元）．このとき，$A_{i1}, A_{i2}, \cdots, A_{in_i} \in \mathcal{T}_2$ であり，$\mathcal{T}_2$ は有限個の元の共通集合の演算および任意個の元の和集合の演算について閉じているので，$G \in \mathcal{T}_2$ となる．よって，$\mathcal{T}_1 \subseteq \mathcal{T}_2$. 逆も同様． □

命題 4.11 空でない集合 X の空でない部分集合族 $\mathcal{A}$ に対し，$\mathcal{A}$ を準基底とする X の位相 $\mathcal{O}_X$ が一意に決まる．

証明 $\mathcal{A}$ を準基底とする X の位相がまず存在することを示す．つまり，$\mathcal{A}$ の有限個の元の共通集合全体 $\mathcal{E}$ を基底とする X の位相が存在することを示す．これには，命題 4.9 により，次の 2 つを示せばよい：

1. $X = \bigcup \mathcal{E}$
2. 任意の $A_1, A_2 \in \mathcal{E}$ について，$A_1 \cap A_2$ が $\mathcal{E}$ の元の和集合として表わせる．

1 について：$\bigcap \{A_i \in \mathcal{A} \mid i \in \emptyset\} = X \in \mathcal{E}$ となるので，$X = \bigcup \mathcal{E}$．

2 について：$A_1, A_2 \in \mathcal{E}$ とすると，A_1, A_2 はともに，$\mathcal{A}$ の有限個の元の共通集合である．よって，$A_1 \cap A_2$ も $\mathcal{A}$ の有限個の元の共通集合となり，$A_1 \cap A_2 \in \mathcal{E}$ となる．そして，$A_1 \cap A_2$ は $\mathcal{E}$ の元の和集合，すなわち，$A_1 \cap A_2$ 自身として表わせる．

以上から，$\mathcal{A}$ を準基底とする X の位相が存在する．このとき，上記命題 4.10 から，この位相は一意に存在する． □

4.2　位相空間論の基礎 2

本節では，次章で Rasiowa-Sikorski の埋め込み定理を証明するときに必要となるいくつかの概念を定義し，それらに関する性質を証明する．

定義 4.7 X を位相空間とし，$A \subseteq X$ とする．

1. $A^- = X$ のとき，A を (X で) **稠密** (dense) であるという
2. $A^\circ = \emptyset$ のとき，つまり，A が内点を持たないとき，A を **縁集合** (border set) という
3. $A^{-\circ} = \emptyset$ のとき，つまり，A^- が縁集合のとき，A を **疎集合** (nowhere dense set) という
4. A が疎集合の可算和として表わされるとき，つまり，可算個の疎集合の和集合として表わされるとき，A を **第 1 類** (the first category) 集合，あるいは，**やせた** (meager) 集合という．第 1 類でない集合を **第 2 類** (the second category) 集合という．

4.2. 位相空間論の基礎 2

上記定義 4.7 から次のような性質が導ける：

命題 4.12 X を位相空間とし，$A, B \subseteq X$ とすると，次が成り立つ：

1. A が稠密で，$A \subseteq B$ のとき，B も稠密である
2. 縁集合の部分集合は縁集合である
3. 疎集合の部分集合は疎集合である
4. 疎集合は縁集合である
5. A が閉集合のとき，(A は疎集合である $\iff$ A は縁集合である)
6. $A - A^\circ$ は縁集合である
7. $A^- - A$ は縁集合である．さらに，A が開集合のとき，$A^- - A$ は疎集合である．
8. A は縁集合である $\iff$ A は空でない開集合を部分集合として含まない
    (つまり，$\iff$ 任意の開集合 $B \neq \emptyset$ に対して，$B - A \neq \emptyset$)
9. A は疎集合である $\iff$ A^- は空でない開集合を部分集合として含まない
    (つまり，$\iff$ 任意の開集合 $B \neq \emptyset$ に対して，$B - A^- \neq \emptyset$)
10. 縁集合と疎集合の和集合は縁集合である
11. 有限個の疎集合の和集合は疎集合である
12. 可算個の第 1 類集合の和集合は第 1 類集合である
13. 第 1 類集合の部分集合は第 1 類集合である
14. 疎集合は第 1 類集合である
15. 空集合 $\emptyset$ は縁集合であり，疎集合である

証明 1〜5 および 12〜15 は定義からほぼ明らか．

6. 命題 4.7 により，$(A - A^\circ)^\circ = (A \cap A^{\circ c})^\circ = A^\circ \cap A^{\circ c \circ} \subseteq A^\circ \cap A^{\circ c} = \emptyset$.

7. 同様に，$(A^- - A)^\circ = (A^- \cap A^c)^\circ = A^{-\circ} \cap A^{c\circ} \subseteq A^- \cap A^{c\circ} = A^- \cap A^{-c} = \emptyset$.

8. $B - A = \emptyset$ となる開集合 $B \neq \emptyset$ が存在するとする．このとき，$B \subseteq A$ となり，$B = B^\circ \subseteq A^\circ$ となる．つまり，$A^\circ \neq \emptyset$ となるので，A は縁集合でない．逆に，A が縁集合でないとすると，$\emptyset \neq A^\circ \subseteq A$ となり，A は空でない開集合を部分集合として含むことになる．

9. 上記 8 の証明と同様．

10. $A^\circ = B^{-\circ} = \emptyset$ のとき，命題 4.7 の 15 により，$(A \cup B)^\circ \subseteq A^\circ \cup B^- = B^-$ となり，$(A \cup B)^\circ = (A \cup B)^{\circ\circ} \subseteq B^{-\circ} = \emptyset$ となる．

11. $A^{-\circ} = B^{-\circ} = \varnothing$ のとき，命題 4.7 の 8 と 15 により，$(A \cup B)^{-\circ} = (A^{-} \cup B^{-})^{\circ} \subseteq A^{-\circ} \cup B^{--} = B^{-}$ となる．よって，$(A \cup B)^{-\circ} = (A \cup B)^{-\circ\circ} \subseteq B^{-\circ} = \varnothing$. □

定義 4.8 X を位相空間とし，$A \subseteq X$ とする．このとき，開集合 G が存在し，$A - G$ および $G - A$ がどちらも第 1 類集合となるとき，A は **Baire の性質** (the Baire property) をもつという．

Baire の性質に関し，いくつかの命題を示す．

命題 4.13 X を位相空間とし，$A, B \subseteq X$ とする．このとき，A, B がともに Baire の性質をもつならば，$A \cup B$ も Baire の性質をもつ．

証明 X の部分集合 A, B が Baire の性質をもつとすると，開集合 $C, D \subseteq X$ が存在し，$A - C, C - A, B - D, D - B$ がそれぞれ第 1 類集合となる．このとき，$C \cup D$ も開集合であり，

$$(A \cup B) - (C \cup D) \subseteq (A - C) \cup (B - D)$$
$$(C \cup D) - (A \cup B) \subseteq (C - A) \cup (D - B)$$

となる．命題 4.12 の 12 から，第 1 類集合の可算和は第 1 類集合となり，また，命題 4.12 の 13 から，第 1 類集合の部分集合も第 1 類集合となる．よって，$(A \cup B) - (C \cup D)$ および $(C \cup D) - (A \cup B)$ はどちらも第 1 類集合となるので，$A \cup B$ も Baire の性質をもつ． □

命題 4.14 X を位相空間とする．$A \subseteq X$ が Baire の性質をもつとする．このとき，$A^c (= X - A)$ も Baire の性質をもつ．

証明 X の部分集合 A が Baire の性質をもつとすると，開集合 B が存在して，$A - B, B - A$ がともに第 1 類集合となる．このとき，B^{-c} は開集合である．また，命題 4.12 の 7 と 14 から，$B^{-} - B$ は疎集合であり，第 1 類集合である．そして，

$$A^c - B^{-c} = A^c \cap B^{-cc} = A^c \cap B^{-} = B^{-} - A \subseteq (B^{-} - B) \cup (B - A)$$
$$B^{-c} - A^c = B^{-c} \cap A = A - B^{-} \subseteq A - B$$

となるので，命題 4.12 の 12 と 13 から，$A^c - B^{-c}$ と $B^{-c} - A^c$ はともに第 1 類集合である．よって，A^c も Baire の性質をもつ． □

4.3. 位相空間と分離公理

命題 4.15 X を位相空間とし，$A, B \subseteq X$ とする．このとき，次が成り立つ：
A および B が Baire の性質をもつとすると，$A \cap B$ も Baire の性質をもつ．

証明 A および B が Baire の性質をもつとすると，$A \cap B = (A^c \cup B^c)^c$ となるので，上記命題 4.13 と 4.14 から，$A \cap B$ も Baire の性質をもつ． □

命題 4.16 位相空間において，開集合はみな Baire の性質をもつ．

証明 A が開集合のとき，命題 4.12 の 14 と 15 から，$A - A = \emptyset$ は第 1 類集合である． □

定義 4.9 X を空でない集合とし，$\mathcal{A}$ を X の空でない部分集合族とする．このとき，$\mathcal{A}$ の元が集合の演算 $\cup$ (和集合)，$\cap$ (共通集合)，^{c} (補集合) について閉じているとき，$\mathcal{A}$ を**集合体** (field of sets) という．つまり，任意の $A, B \in \mathcal{A}$ について，
$$A \cup B \in \mathcal{A}, \quad A \cap B \in \mathcal{A}, \quad A^c (= X - A) \in \mathcal{A}$$

もちろん，集合体 $\langle \mathcal{A}, \cup, \cap, {}^c, \emptyset, X \rangle$ はブール代数である．つまり，集合体はベキ集合代数 $\mathcal{P}(X)$ の部分ブール代数であり，集合ブール代数である．

さて，上記命題 4.13〜4.16 から，次の命題が成り立つ．

定理 4.17 X を位相空間とし，X において Baire の性質をもつ部分集合全体からなる部分集合族は集合体である．したがって，ブール代数である．この集合体には X のすべての開集合 ($\emptyset$ や X も含め) が元として含まれる．

4.3 位相空間と分離公理

位相空間 X の性質は，そこに含まれる開集合の分布によってさまざまに異なる．開集合が $\emptyset$ と X だけの**密着位相** (indiscrete topology) から，X の部分集合全体を開集合族とする**離散位相** (discrete topology) といった両極端の中間にさまざまな性質をもった位相空間が存在する．ここでは，いわゆる，**分離公理** (separation axiom) をもとにそれらのいくつかを定義する．分離公理は，位相空間における点や閉集合を開集合によって分離する条件として理解される．

定義 4.10 位相空間 X が次の条件を満たすとき，それを $\boldsymbol{T_0}$ **空間** (T_0 space) という：

> X の任意の異なる 2 点に対して，いずれか一方のみを含む開集合が存在する

定義 4.11 位相空間 X が次の条件 (**第 1 分離公理**) を満たすとき，それを $\boldsymbol{T_1}$ **空間** (T_1 space) という：

> 任意の異なる 2 点 $a, b \in X$ に対して，a を含み b を含まない開集合と，a を含まず b を含む開集合がともに存在する

命題 4.18 位相空間 X において，第 1 分離公理と次の条件は同値である：

$$1 \text{ 点集合は閉集合である}$$

証明 第 1 分離公理を仮定する．任意の点 $a \in X$ に対して，$\{a\}^c$ が開集合であることを示す．任意の $\{a\}^c$ の点 b をとる．つまり，$b \neq a$. このとき，第 1 分離公理から，$b \in U(b)$ かつ $a \notin U(b)$ となる b の近傍 (開集合) $U(b)$ が存在する．したがって，$b \in U(b) \subseteq \{a\}^c$ となる近傍 $U(b)$ が存在するので，命題 4.2 から $\{a\}^c$ は開集合である．よって，$\{a\}$ は閉集合である．

逆に，X の各点 x について，1 点集合 (単集合) $\{x\}$ が閉集合であるとする．このとき，任意の 2 点 $a, b \in X$ について，$a \neq b$ とすると，$a \in \{b\}^c$ かつ $b \notin \{b\}^c$ となり，また，$b \in \{a\}^c$ かつ $a \notin \{a\}^c$ となる．この $\{b\}^c$ と $\{a\}^c$ はともに開集合である．よって，X は第 1 分離公理を満たす． □

定義 4.12 位相空間 X が次の条件 (**第 2 分離公理**，あるいは，**ハウスドルフの公理**) を満たすとき，それを $\boldsymbol{T_2}$ **空間** (T_2 space)，あるいは，**ハウスドルフ空間** (Hausdorff space) という：

> 任意の異なる 2 点 $a, b \in X$ に対して，a を含む開集合 A と，b を含む開集合 B が存在し，$A \cap B = \emptyset$ となる

定義 4.13 位相空間 X が次の条件 (**第 3 分離公理**) を満たすとき，それを **正則空間** (regular space) という：

> 任意の点 a と，$a \notin A$ となる任意の閉集合 A に対し，$a \in B_1, A \subseteq B_2$ となる互いに素な開集合 B_1, B_2 ($B_1 \cap B_2 = \emptyset$) が存在する

4.3. 位相空間と分離公理

なお，位相空間が T_1 空間でありかつ正則空間でもあるものを **T_3 空間** (T_3 space) という．

上記の正則空間の条件については，次のことがいえる：

命題 4.19 位相空間 X において，上記の正則空間の条件と次の条件は同値である：

任意の開集合 A と，任意の点 $a \in A$ について，$a \in B \subseteq B^- \subseteq A$ となる開集合 B が存在する

証明 位相空間 X が第 3 分離公理を満たすとする．任意の開集合 A とその任意の点 $a \in A$ をとる．このとき，$a \notin A^c$ となる．よって，第 3 分離公理から，$a \in F$ かつ $A^c \subseteq G$ となる互いに素な開集合 F, G が存在する．このとき，G^c は閉集合で，$G^c \subseteq A$ かつ $F \subseteq G^c$ なので，$a \in F \subseteq F^- \subseteq G^{c-} = G^c \subseteq A$ となる．

逆に，この命題の条件を仮定し，第 3 分離公理を示す．任意の点 a と，$a \notin A$ となる任意の閉集合 A をとる．このとき，開集合 A^c に対して，$a \in A^c$ となるので，$a \in B \subseteq B^- \subseteq A^c$ となる開集合 B が存在する．ここで，$A \subseteq B^{-c}$ となるが，B^{-c} は開集合であり，$B \cap B^{-c} = \emptyset$ である．よって，第 3 分離公理が成り立つ． □

定義 4.14 位相空間 X が次の条件 (**第 4 分離公理**) を満たすとき，それを**正規空間** (normal space) という：

任意の互いに素な 2 つの閉集合 A_1, A_2 に対して，2 つの互いに素な開集合 B_1, B_2 が存在し，$A_1 \subseteq B_1$ かつ $A_2 \subseteq B_2$ となる

なお，位相空間が T_1 空間でありかつ正規空間でもあるものを **T_4 空間** (T_4 space) という．

定義 4.15 X を位相空間とし，a, b を X の任意の異なる 2 点とする．このとき，2 つの互いに素な開集合 A, B ($A \cap B = \emptyset$) が存在し，$a \in A, b \in B, A \cup B = X$ となるとき，X は**完全不連結** (totally disconnected) であるという．

この定義 4.15 にある互いに素な開集合 A, B は，開閉集合である．

定義 4.16 X を任意の空でない集合とし，Y をその任意の部分集合とする．そして，X の部分集合族 $\mathcal{A} \subseteq \mathcal{P}(X)$ が $Y \subseteq \bigcup \mathcal{A}$ となるとき，$\mathcal{A}$ を Y の**被覆** (cover) という．特に，$\mathcal{A}$ が有限集合のとき，それを**有限被覆** (finite cover) という．Y の被覆である $\mathcal{A}$ の部分集合 $\mathcal{E} \subseteq \mathcal{A}$ が Y の被覆となっているとき，$\mathcal{E}$ を $\mathcal{A}$ の**部分被覆** (subcover) という．

なお，X を位相空間とし，$Y \subseteq X$ とする．このとき，Y の被覆 $\mathcal{A}$ の元がすべて開集合であるとき，$\mathcal{A}$ を Y の**開被覆** (open cover) という．

定義 4.17 X を位相空間とし，Y をその部分集合とする．このとき，$Y \subseteq \bigcup_{i \in I} A_i$ となる任意の開集合族 $\{A_i\}_{i \in I} \subseteq \mathcal{O}(X)$ に対して，有限部分集合 $I_0 \subseteq I$ が存在して，$Y \subseteq \bigcup_{i \in I_0} A_i$ となるとき，Y は**コンパクト** (compact) である，あるいは，**コンパクト集合**であるという．つまり，Y の任意の開被覆が有限被覆をもつとき，Y をコンパクトであるという．

そして，空間 X 自身がコンパクトのとき，X を**コンパクト空間** (compact space) という．

この開集合を使ったコンパクト空間の定義を，閉集合を使ったものに変更できるが，その前に，第 2 章で定義した有限交叉性を，集合を使った定義にしておく．

定義 4.18 X を空でない任意の集合とし，$\mathcal{A}$ を X の部分集合族とする．$\mathcal{A}$ の任意の有限個の元 $A_1, A_2, \cdots, A_n$ について，$\bigcap_{i=1}^{n} A_i \neq \emptyset$ のとき，$\mathcal{A}$ は有限交叉性をもつという．

この「有限交叉性」を使い，コンパクト性は次のように言い換えることができる．

命題 4.20 位相空間 X がコンパクトであることと，次の条件は同値である：
X の任意の閉集合族 $\{A_i\}_{i \in I}$ が有限交叉性をもてば，$\bigcap_{i \in I} A_i \neq \emptyset$．

証明 定義 4.17 における開集合を閉集合に置き換えると，次のようになる：

X の任意の閉集合族 $\{A_i\}_{i \in I}$ に対し，$X = \bigcup_{i \in I} (A_i)^c$ とする．このとき，有限部分集合 $I_0 \subseteq I$ が存在して，$X = \bigcup_{i \in I_0} (A_i)^c$．

4.3. 位相空間と分離公理

ここに現われる2つの等式について，等号の両側の補集合をとり，ド・モルガンの法則を適用すると，次のようになる:

X の任意の閉集合族 $\{A_i\}_{i \in I}$ に対し，$\emptyset = \bigcap_{i \in I} A_i$ とする．このとき，有限部分集合 $I_0 \subseteq I$ が存在して，$\emptyset = \bigcap_{i \in I_0} A_i$.

ここで対偶をとり，整理すれば，次のようになる:

X の任意の閉集合族 $\{A_i\}_{i \in I}$ が有限交叉性をもてば，$\bigcap_{i \in I} A_i \neq \emptyset$.

また，以上の変形と逆の変形をすることにより，もとの定義 4.17 における X のコンパクト性の定義が得られる． □

上記の各種の位相空間について次のことが成り立つ:

命題 4.21
1. T_1 空間は T_0 空間である
2. T_2 空間 (ハウスドルフ空間) は T_1 空間である
3. T_3 空間 (正則 T_1 空間) は T_2 空間である
4. T_4 空間 (正規 T_1 空間) は T_3 空間である
5. 完全不連結空間はハウスドルフ空間である

証明 1, 2, 5 は定義からほぼ明らか．

3: 位相空間 X が T_3 空間であるとする．いま，異なる 2 点 a, b をとると，X は T_1 空間でもあるので，命題 4.18 から，$\{a\}$ は閉集合で，$b \notin \{a\}$ となる．よって，$b \in B_1$ かつ $\{a\} \subseteq B_2$ となる互いに素な開集合 B_1, B_2 が存在する．つまり，a を含む開集合 B_2 と，b を含む開集合 B_1 が存在し，$B_1 \cap B_2 = \emptyset$ となる．よって，X は T_2 空間である．

4: 位相空間 X が T_4 空間であるとする．いま，任意の点 $a \in X$ と，$a \notin A$ となる任意の閉集合 A をとる．このとき，$\{a\}$ は閉集合で，$\{a\} \cap A = \emptyset$ なので，$\{a\} \subseteq B_1$, $A \subseteq B_2$ となる互いに素な開集合 B_1 と B_2 が存在する．よって，X は T_3 空間である． □

命題 4.22 X をコンパクトな位相空間とし，$\{A_i\}_{i \in I}$ を任意の開集合族，B を閉集合とする．このとき，$B \subseteq \bigcup_{i \in I} A_i$ ならば，有限部分集合 $I_0 \subseteq I$ が存在し，$B \subseteq \bigcup_{i \in I_0} A_i$ となる．また特に，$B = \bigcup_{i \in I} A_i$ のときも，有限部分集合 $I_0 \subseteq I$ が存在し，$B = \bigcup_{i \in I_0} A_i$ となる．

証明 前半：$B \subseteq \bigcup_{i \in I} A_i$ とすると，$X = B^c \cup \bigcup_{i \in I} A_i$ となる．B^c は開集合なので，コンパクト性により，ある有限部分集合 $I_0 \subseteq I$ が存在し，$X = B^c \cup \bigcup_{i \in I_0} A_i$ となる．よって，$B \subseteq \bigcup_{i \in I_0} A_i$．

後半：$B = \bigcup_{i \in I} A_i$ のとき，前半と同様に，I の有限部分集合 $I_0 \subseteq I$ が存在し，$X = B^c \cup \bigcup_{i \in I_0} A_i$ となる．よって，$B \subseteq \bigcup_{i \in I_0} A_i$．逆に，$\bigcup_{i \in I_0} A_i \subseteq \bigcup_{i \in I} A_i = B$．以上から，$B = \bigcup_{i \in I_0} A_i$． □

定理 4.23 コンパクトハウスドルフ空間は正則空間かつ正規空間である．

証明 X をコンパクトハウスドルフ空間とする．このときまず，X が正則空間であることを示す．ここでは，X が命題 4.19 の条件を満たすことを示す．A を任意の開集合とし，任意の点 $a \in A$ をとる．このとき，すべての $b \in A^c$ に対し，$a \in F_b$ かつ $b \in G_b$ となる互いに素な開集合 F_b, G_b が存在する．このとき，$A^c \subseteq \bigcup_{b \in A^c} G_b$ となる．A^c は閉集合なので，命題 4.22 から，有限個の $b_1, \cdots, b_n$ に対して，$A^c \subseteq (G_{b_1} \cup \cdots \cup G_{b_n})$ となる．したがって，$(G_{b_1} \cup \cdots \cup G_{b_n})^c \subseteq A$ となる．いま，$B := (G_{b_1} \cup \cdots \cup G_{b_n})^c$ とおくと，B は閉集合であり，$B \subseteq A$ となる．

一方，各 $G_{b_1}, \cdots, G_{b_n}$ に対応して，それぞれ互いに素となる $F_{b_1}, \cdots, F_{b_n}$ については，$a \in (F_{b_1} \cap \cdots \cap F_{b_n})$ となる．また，各 $i\,(1 \leq i \leq n)$ について，$F_{b_i} \cap G_{b_i} = \emptyset$ から，$F_{b_i} \subseteq (G_{b_i})^c$ となるので，

$$F_{b_1} \cap \cdots \cap F_{b_n} \subseteq (G_{b_1})^c \cap \cdots \cap (G_{b_n})^c = (G_{b_1} \cup \cdots \cup G_{b_n})^c = B$$

となる．ここで，$F := (F_{b_1} \cap \cdots \cap F_{b_n})$ とおくと，F は開集合で，$F \subseteq B$ となり，$a \in F \subseteq F^- \subseteq B^- = B \subseteq A$ となるので，位相空間 X は正則である．

次に，X が正規であることを示す．いま，2 つの互いに素な閉集合 A_1, A_2 をとる．このとき，任意の $a \in A_1$ について，$a \in (A_2)^c$ となる．そこで，命題 4.19 から，任意の $a \in A_1$ について，$a \in B_a \subseteq B_a^- \subseteq (A_2)^c$ となる開集合 B_a が存在する．よって，$A_1 \subseteq \bigcup_{a \in A_1} B_a$ となる．このとき，命題 4.22 から，有限個の $a_1, \cdots, a_n$ に対し，$A_1 \subseteq (B_{a_1} \cup \cdots \cup B_{a_n})$ となる．ここで，$B_1 := (B_{a_1} \cup \cdots \cup B_{a_n})$ とおくと，B_1 は開集合で $A_1 \subseteq B_1$ となる．

一方，各 $a \in A_1$ について，$B_a^- \subseteq (A_2)^c$ なので，

$$B_{a_1}^- \subseteq (A_2)^c, \cdots, B_{a_n}^- \subseteq (A_2)^c$$

4.3. 位相空間と分離公理

となり，$B_{a_1}^- \cup \cdots \cup B_{a_n}^- \subseteq (A_2)^c$ となる．よって，$A_2 \subseteq (B_{a_1}^- \cup \cdots \cup B_{a_n}^-)^c$ となる．ここで，$B_2 := (B_{a_1}^- \cup \cdots \cup B_{a_n}^-)^c$ とおけば，B_2 も開集合で，$A_2 \subseteq B_2$ となる．また，

$$(B_{a_1} \cup \cdots \cup B_{a_n}) \subseteq (B_{a_1}^- \cup \cdots \cup B_{a_n}^-)$$

なので，$B_1 \subseteq (B_2)^c$ となり，$B_1 \cap B_2 = \emptyset$ である．

以上から，$A_1 \subseteq B_1, A_2 \subseteq B_2$ となる，互いに素な開集合 B_1 と B_2 が存在することになり，X は正規である． □

定理 4.24 X をコンパクトハウスドルフ空間とする．このとき，$A \subseteq X$ が第1類集合とすると，A は縁集合である．

証明 X をコンパクトハウスドルフ空間とし，$A \subseteq X$ を第1類集合とする．つまり，$A = \bigcup_{n \in \omega} A_n$ (各 A_i は疎集合) のように表わせる．このとき，A が縁集合であることを示す．命題4.12の8から，任意の空でない開集合 B_0 に対して，$B_0 - A \neq \emptyset$ となることを示せばよい．そこで，1つの開集合 $B_0 \neq \emptyset$ をとる．

各 $A_n \, (n \in \omega)$ は疎集合だから，命題4.12の9から，任意の空でない開集合 B に対して，$B - A_n^- \neq \emptyset$ となる．よって，$B_0 - A_0^- \neq \emptyset$ となり，この $B_0 - A_0^-$ は開集合である．そこで，$x_0 \in B_0 - A_0^-$ とする．ところで，定理4.23から，X は正則空間なので，ある開集合 B_1 が存在し，$x_0 \in B_1 \subseteq B_1^- \subseteq B_0 - A_0^-$ となる．次に，$B_1 - A_1^-$ は開集合で $\emptyset$ でない．そこで，$x_1 \in B_1 - A_1^-$ とする．このとき，再び，開集合 B_2 が存在し，$x_1 \in B_2 \subseteq B_2^- \subseteq B_1 - A_1^-$ となる．

この操作を繰り返すことにより，次のような可算個の開集合族 $\{B_n\}_{n \in \omega}$ が得られる：

$$B_n^- \subseteq B_{n-1} - A_{n-1}^-$$

そして，$B_n^- \subseteq B_{n-1} - A_{n-1}^- \subseteq B_{n-1} \subseteq B_{n-1}^-$ となる．したがって，$B_0^- \supseteq B_1^- \supseteq B_2^- \supseteq \cdots$ という空でない閉集合の減少列ができる．このとき，$\{B_n^-\}_{n \in \omega}$ の任意の有限部分集合の共通集合は空ではないので，X のコンパクト性から，$\bigcap_{n \in \omega} B_n^- \neq \emptyset$ となる．つまり，すべての $n \in \omega$ に対し，$a \in B_n^-$ となる点 $a \in X$ が存在する．そして，$a \notin A$ となる．なぜならば，もし，$a \in A$ とすると，ある $n \in \omega$ に対して，$a \in A_n$ となり，$a \in A_n^-$ とな

る．その結果，$a \notin B_n - A_n^-$ となってしまい，$a \in B_{n+1}^- \subseteq B_n - A_n^-$ に反するからである．

さて，$a \in B_1^- \subseteq B_0 - A_0^- \subseteq B_0$ なので，$a \in B_0$．そして，$a \notin A$．よって，$a \in B_0 - A$ となり，$B_0 - A \neq \emptyset$ となる． □

4.4 正則開集合と完備ブール代数

この節では，位相空間を利用して完備ブール代数を構築することを考察する．次の定義は，本節でキーとなる概念の定義である．本節では，位相空間 X の部分集合を英小文字 a, b, c などで表わす．

定義 4.19 a は正則開集合である $\overset{def}{\iff}$ $a^{-\circ} = a$

もちろん，正則開集合は開集合である．

命題 4.25
1. $a^{-\circ-\circ} = a^{-\circ}$
2. $a \subseteq b$ のとき，$a^{-\circ} \subseteq b^{-\circ}$
3. a が開集合のとき，$a \subseteq a^{-\circ}$ かつ $a^{-c-c-c} = a^{-c}$

証明 1：$a^{-\circ} \subseteq a^-$ より，$a^{-\circ-} \subseteq a^{--} = a^-$．よって，$a^{-\circ-\circ} \subseteq a^{-\circ}$．

逆に，$a^{-\circ} \subseteq a^{-\circ-}$ より，$a^{-\circ} = a^{-\circ\circ} \subseteq a^{-\circ-\circ}$．

2：命題 4.7 の 3, 4 から明らか．

3：a を開集合とする．このとき，$a \subseteq a^-$ なので，$a = a^\circ \subseteq a^{-\circ}$．

次に，$a \subseteq a^-$ から，$a^{-c} \subseteq a^c$．このとき，a^c は閉集合なので，$a^{-c-} \subseteq a^{c-} = a^c$．よって，$a \subseteq a^{-c-c}$ となり，$a^{-c-c-c} \subseteq a^{-c}$ となる．

逆に，$a^{-c} \subseteq a^{-c-}$ から，$a^{-c-c} \subseteq a^-$ となり，$a^{-c-c-} \subseteq a^{--} = a^-$ となる．したがって，$a^{-c} \subseteq a^{-c-c-c}$ となる．以上から，$a^{-c-c-c} = a^{-c}$． □

命題 4.26 a が開集合ならば，$a \cap b^- \subseteq (a \cap b)^-$

証明 $x \in a \cap b^-$ とする．つまり，$x \in a$, $x \in b^-$．このとき，命題 4.8 により，x のすべての近傍 $U(x)$ に対して，$U(x) \cap b \neq \emptyset$．ところで，$a \cap U(x)$ も x の近傍なので，$a \cap U(x) \cap b \neq \emptyset$．つまり，$U(x) \cap (a \cap b) \neq \emptyset$．したがって，$x \in (a \cap b)^-$． □

4.4. 正則開集合と完備ブール代数

命題 4.27 $(a \cup b)^{-c} = a^{-c} \cap b^{-c}$

証明 ド・モルガンの法則により，$(a \cup b)^{-c} = (a^- \cup b^-)^c = a^{-c} \cap b^{-c}$ □

命題 4.28 a, b が開集合のとき，次が成り立つ：

1. $(a \cup b)^{-\circ} = (a^{-\circ} \cup b^{-\circ})^{-\circ}$
2. $(a \cap b)^{-\circ} = a^{-\circ} \cap b^{-\circ}$

証明 1：a, b が開集合のとき，命題 4.25, 3 から，$a \subset a^{-\circ}$，$b \subset b^{-\circ}$．よって，$(a \cup b)^{-\circ} \subseteq (a^{-\circ} \cup b^{-\circ})^{-\circ}$．

逆に，$a^{-\circ} \subseteq (a \cup b)^{-\circ}$ と $b^{-\circ} \subseteq (a \cup b)^{-\circ}$ より，$a^{-\circ} \cup b^{-\circ} \subseteq (a \cup b)^{-\circ}$．したがって，命題 4.25 から，$(a^{-\circ} \cup b^{-\circ})^{-\circ} \subseteq (a \cup b)^{-\circ-\circ} = (a \cup b)^{-\circ}$．

2：$(a \cap b)^{-\circ} \subseteq a^{-\circ} \cap b^{-\circ}$ は明らか．

一方，a は開集合だから，命題 4.26 によって，$a \cap b^- \subseteq (a \cap b)^-$．

$$\therefore (a \cap b)^{-c} \subseteq (a \cap b^-)^c = a^c \cup b^{-c}$$
$$\therefore (a \cap b)^{-c-} \subseteq (a^c \cup b^{-c})^- = a^{c-} \cup b^{-c-}$$
$$\therefore (a^{c-} \cup b^{-c-})^c \subseteq (a \cap b)^{-c-c}$$
$$\therefore a^{c-c} \cap b^{-c-c} \subseteq (a \cap b)^{-\circ}$$
$$\therefore a^\circ \cap b^{-\circ} \subseteq (a \cap b)^{-\circ}$$

このとき，$a^\circ = a$ なので，

(1) $\quad a \cap b^{-\circ} \subseteq (a \cap b)^{-\circ}$

となる．この (1) の中の a の代わりに $a^{-\circ}$ とおくと，

(2) $\quad a^{-\circ} \cap b^{-\circ} \subseteq (a^{-\circ} \cap b)^{-\circ}$

となる．(1) と同様，$a^{-\circ} \cap b \subseteq (a \cap b)^{-\circ}$ となるので，$(a^{-\circ} \cap b)^{-\circ} \subseteq (a \cap b)^{-\circ-\circ}$．よって，

(3) $\quad (a^{-\circ} \cap b)^{-\circ} \subseteq (a \cap b)^{-\circ}$

が得られる．そして，(2) と (3) から，$a^{-\circ} \cap b^{-\circ} \subseteq (a \cap b)^{-\circ}$． □

定理 4.29 位相空間 X の正則開集合の全体 RO_X は，次の定義に関して，完備ブール代数になる：任意の $a, b \in RO_X$ に対して，

$$0 := \emptyset, \qquad 1 := X$$
$$a \wedge b := a \cap b, \qquad a \vee b := (a \cup b)^{-\circ}$$
$$a' := a^{c\circ} = (X - a)^\circ, \qquad a \leq b \overset{def}{\iff} a \subseteq b$$

この定理を証明する前に，改めて，ブール代数の公理系を記しておく：

ブール代数の公理系

公理 1 　　$a \vee b = b \vee a, \quad a \wedge b = b \wedge a$
公理 2 　　$a \vee (b \vee c) = (a \vee b) \vee c, \quad a \wedge (b \wedge c) = (a \wedge b) \wedge c$
公理 3 　　$(a \vee b) \wedge b = b, \quad (a \wedge b) \vee b = b$
公理 4 　　$a \vee 0 = a, \quad a \wedge 1 = a$
公理 5 　　$a \vee a' = 1, \quad a \wedge a' = 0$
公理 6 　　$(a \vee b) \wedge c = (a \wedge c) \vee (b \wedge c), \quad (a \wedge b) \vee c = (a \vee c) \wedge (b \vee c)$
公理 7 　　$0 \neq 1$

証明 まず最初に RO_X がブール代数であることを示し，次にそれが完備であることを示す.

1. RO_X が公理 1〜7 を満たす：

公理 1： 明らか.

公理 2： $a \vee (b \vee c) = (a \cup (b \cup c)^{-\circ})^{-\circ}$
$\qquad\qquad\qquad = (a^{-\circ} \cup (b \cup c)^{-\circ})^{-\circ}$
$\qquad\qquad\qquad = (a \cup (b \cup c))^{-\circ}$ 　　（命題 4.28, 1 より）

同様に，$(a \vee b) \vee c = ((a \cup b) \cup c)^{-\circ}$.
したがって，$a \vee (b \vee c) = (a \vee b) \vee c$.
また，2 番目の等式 $a \wedge (b \wedge c) = (a \wedge b) \wedge c$ は明らか.

公理 3： $(a \vee b) \wedge b = (a \cup b)^{-\circ} \cap b^{-\circ}$
$\qquad\qquad\qquad = ((a \cup b) \cap b)^{-\circ}$ 　　（命題 4.28, 2 より）
$\qquad\qquad\qquad = b^{-\circ} = b$

2 番目の等式 $(a \wedge b) \vee b = b$ も，命題 4.28 から明らか.

4.4. 正則開集合と完備ブール代数

公理 4 : 明らか.

公理 5 : $a \lor a' = a \lor a^{co}$
$= (a \cup a^{co})^{-\circ}$
$= (a^- \cup a^{co-})^\circ$
$= (a^- \cup a^{cocc-})^\circ$
$= (a^- \cup a^{-c-})^\circ$
$\supseteq (a^- \cup a^{-c})^\circ = X^\circ = X$

また,2番目の等式については, $a \land a' = a \cap a^{co} \subseteq a \cap a^c = \varnothing = 0$.

公理 6 : $(a \lor b) \land c = (a \cup b)^{-\circ} \cap c$
$= (a \cup b)^{-\circ} \cap c^{-\circ}$
$= ((a \cup b) \cap c)^{-\circ}$ （命題 4.28, 2 より）
$= ((a \cap c) \cup (b \cap c))^{-\circ}$
$= (a \land c) \lor (b \land c)$

同様に, $(a \land b) \lor c = ((a \cap b) \cup c)^{-\circ}$
$= ((a \cup c) \cap (b \cup c))^{-\circ}$
$= (a \cup c)^{-\circ} \cap (b \cup c)^{-\circ}$ （命題 4.28, 2 より）
$= (a \lor c) \land (b \lor c)$

公理 7 : 位相空間 X は空ではないので, $0 \neq 1$ である.

2. ブール代数 RO_X は完備である :

$\{a_i\}_i \subseteq RO_X$ とする. このとき,

(1) $\bigvee_i a_i$ が存在し, $\bigvee_i a_i = (\bigcup_i a_i)^{-\circ}$ となる

(2) $\bigwedge_i a_i$ が存在し, $\bigwedge_i a_i = (\bigcap_i a_i)^{-\circ}$ となる

ことを示せばよい. ここでは, (1) のみを示す.

(1) : $a = (\bigcup_i a_i)^{-\circ}$ とおくと, 任意の $a_j \in \{a_i\}_i$ について,

$$a_j = a_j^{-\circ} \subseteq (\bigcup_i a_i)^{-\circ} = a$$

よって, a は $\{a_i\}_i$ の上界の1つである.

次に, b を $\{a_i\}_i$ の任意の上界とする. つまり, 各 $a_j \in \{a_i\}_i$ について, $a_j \subseteq b$. よって, $\bigcup_i a_i \subseteq b$. これにより,

$$a = (\bigcup_i a_i)^{-\circ} \subseteq b^{-\circ} = b$$

よって, a は $\{a_i\}_i$ の最小上界. つまり, $\bigvee_i a_i = (\bigcup_i a_i)^{-\circ}$. □

第5章 ハイティング代数

この章では,直観主義論理体系 **LJ** の代数的解釈に必要となるハイティング代数を取り上げ,その基本的な性質を考察し,最後の節で,Rasiowa-Sikorski の埋め込み定理を証明する.この章の内容の多くは,Rasiowa and Sikorski(1963) に基づいている.

5.1 ハイティング代数

この節では,まずハイティング代数を定義し,その基本的な性質を調べる.

定義 5.1 最小元 0 をもつ束 H が,次の条件を満たすとき,H をハイティング代数 (Heyting algebra) という:任意の $a, b \in H$ に対し,

$$\max\{c \in H \mid a \wedge c \leq b\} \text{ が存在する}$$

この条件を満たす H の元を $a \to b$ のように表記する.これを,a の b に対する相対擬補元という.また,ハイティング代数において,1 項演算 $\neg$ を $\neg a := a \to 0$ により定義する.この $\neg a$ を a の擬補元 (pseudocomplement) という.

なお,ハイティング代数を擬ブール代数 (pseudo-Boolean algebra) ということもある.また,ハイティング代数を **Ha** と表記したりする.

さて,ハイティング代数には次のような別定義が存在する:

定義 5.2 最小元 0 をもつ束 H の上の 2 項演算 $\to$ が,次の条件を満たすとき,H をハイティング代数という:任意の $a, b, c \in H$ に対し,

$$a \wedge c \leq b \iff c \leq a \to b$$

この条件の中の b に a を代入すると, $a \wedge c \leq a \iff c \leq a \to a$ となるが, $a \wedge c \leq a$ はつねに成り立つので, $c \leq a \to a$ となる. つまり, H の元 $a \to a$ は H の最大元である. このように, ハイティング代数には最大元 1 が存在する. したがって, ハイティング代数には $0, 1$ がともに存在するので, ブール代数と同様に, $\bigvee \varnothing = 0$, $\bigwedge \varnothing = 1$ となる. なお, 定義 5.2 においても, 擬補元は定義 5.1 におけるものと同様に定義される.

命題 5.1 定義 5.1 と定義 5.2 は同等である.

証明 定義 5.1 $\implies$ 定義 5.2: 最小元 0 をもつ束が,
$$a \to b := \max\{c \in H \mid a \wedge c \leq b\}$$
で定義される 2 項演算 $\to$ について閉じているとする. このとき, $a \wedge c \leq b$ とすると, このような関係を満たす c の最大のものが $a \to b$ なので, $c \leq a \to b$. 逆に, $c \leq a \to b$ とすると, 同じく $a \to b$ の定義から, $a \wedge c \leq a \wedge (a \to b) \leq b$.

定義 5.2 $\implies$ 定義 5.1: 最小元 0 をもつ束が, 条件
$$a \wedge c \leq b \iff c \leq a \to b$$
を満たす演算 $\to$ について閉じているとする. このとき, この条件の中の c に $a \to b$ を代入すると, $a \wedge (a \to b) \leq b$ が得られる. したがって,
$$a \to b \in \{c \in H \mid a \wedge c \leq b\}$$

ところで, 関係 $a \wedge c \leq b$ を満たす c は, 演算 $\to$ の条件から, $c \leq a \to b$ となるので, $\max\{c \in H \mid a \wedge c \leq b\}$ が存在して,
$$\max\{c \in H \mid a \wedge c \leq b\} = a \to b$$
となる. $\square$

命題 5.2 ハイティング代数 H は分配束である. つまり, 次の分配律が成り立つ: 任意の $a, b, c \in H$ について,
$$a \wedge (b \vee c) = (a \wedge b) \vee (a \wedge c)$$

証明 束では, 次の関係はつねに成り立つ:
$$(a \wedge b) \vee (a \wedge c) \leq a \wedge (b \vee c)$$

5.1. ハイティング代数

したがって,
$$a \wedge (b \vee c) \leq (a \wedge b) \vee (a \wedge c)$$
を示すだけで十分である. まず,
$$a \wedge b \leq (a \wedge b) \vee (a \wedge c) \text{ かつ } a \wedge c \leq (a \wedge b) \vee (a \wedge c)$$
が成り立つから, 定義 5.2 における $\to$ の条件により,
$$b \leq a \to ((a \wedge b) \vee (a \wedge c)) \text{ かつ } c \leq a \to ((a \wedge b) \vee (a \wedge c))$$
$$\therefore b \vee c \leq a \to ((a \wedge b) \vee (a \wedge c))$$
$$\therefore a \wedge (b \vee c) \leq (a \wedge b) \vee (a \wedge c) \qquad \square$$

束においては, 上記定理の分配律は次の双対形の分配律と同値である:
$$a \vee (b \wedge c) = (a \vee b) \wedge (a \vee c)$$

ところで, ハイティング代数の定義において, 最小元 0 の存在を仮定しないとき, それを相対擬補束といったが (第 1 章, 例 1.6), 分配律は相対擬補束においても成立する. 実際, 上記の証明において, 最小元 0 の存在は仮定していない.

ここで, ハイティング代数において (したがって, ブール代数においても) 成り立つ性質の主なものをまとめておく.

命題 5.3 ハイティング代数 H では, 以下の性質が成り立つ: 任意の $a, b, c \in H$ について,

1. $a \wedge (a \to b) \leq b$
2. $a \leq b \iff a \to b = 1$
3. $a \to a = 1$
4. $a \to 1 = 1$
5. $0 \to a = 1$
6. $b \leq a \to b$
7. $1 \to a = a$
8. $a \wedge (a \to b) = a \wedge b$
9. $a \leq b \implies b \to c \leq a \to c$
10. $a \leq b \implies c \to a \leq c \to b$

11. $(a \to b) \wedge b = b$
12. $(a \to b) \wedge (a \to c) = a \to (b \wedge c)$
13. $(a \to c) \wedge (b \to c) = (a \vee b) \to c$
14. $a \to (b \to c) = (a \wedge b) \to c = b \to (a \to c)$
15. $(a \to b) \wedge (b \to c) \leq a \to c$
16. $a \to b \leq (b \to c) \to (a \to c)$
17. $a \leq b \implies \neg b \leq \neg a$
18. $\neg a \leq a \to b$
19. $\neg 0 = 1, \quad \neg 1 = 0$
20. $a \wedge \neg a = 0$
21. $a \leq \neg\neg a$
22. $\neg a = 1 \iff a = 0$
23. $\neg a = \neg\neg\neg a$
24. $\neg\neg a = 0 \iff \neg a = 1$
25. $\neg(a \vee b) = \neg a \wedge \neg b$
26. $a \wedge b = 0 \iff b \leq \neg a$
27. $\neg a \vee \neg b \leq \neg(a \wedge b)$
28. $a \leq \neg b \iff b \leq \neg a$
29. $a \to b \leq \neg b \to \neg a$
30. $a \to \neg b = b \to \neg a = \neg(a \wedge b)$

証明 以下, 証明にあたって, α と β を次のような条件とする:

$$\alpha : (a \wedge c \leq b \iff c \leq a \to b), \qquad \beta : (\neg a = a \to 0)$$

1: α の c に $a \to b$ を代入する.
2: α の c に 1 を代入する.
3: 上記性質 2 の b に a を代入する.
4: 性質 2 の b に 1 を代入する.
5: 性質 2 の a に 0 を代入し, b に a を代入する.
6: α の c に b を代入する.
7: 性質 6 から, $a \leq 1 \to a$. また, 性質 1 から, $1 \wedge (1 \to a) \leq a$, つまり, $1 \to a \leq a$.

5.1. ハイティング代数

8：性質1と $a \wedge (a \to b) \le a$ から，$a \wedge (a \to b) \le a \wedge b$. 逆に，性質6から，$a \wedge b \le b \le a \to b$. これと，$a \wedge b \le a$ とから，$a \wedge b \le a \wedge (a \to b)$.

9：性質8から，$b \wedge (b \to c) = b \wedge c$ となるが，$a \le b$ なので，$a \wedge (b \to c) \le b \wedge c \le c$ となる．よって，α から，$b \to c \le a \to c$.

10：$a \le b$ のとき，性質8から，$c \wedge (c \to a) = c \wedge a \le c \wedge b \le b$. よって，$\alpha$ により，$c \to a \le c \to b$.

11：性質6より．

12：$b \wedge c \le b$ に性質10を適用すると，$a \to (b \wedge c) \le a \to b$. 同様に，$a \to (b \wedge c) \le a \to c$. よって，$a \to (b \wedge c) \le (a \to b) \wedge (a \to c)$.

逆に，性質8を2回使って，$a \wedge (a \to b) \wedge (a \to c) = a \wedge b \wedge (a \to c) = a \wedge b \wedge c \le b \wedge c$. よって，$\alpha$ により，$(a \to b) \wedge (a \to c) \le a \to (b \wedge c)$.

13：$a \le a \vee b$ に性質9を適用すると，$(a \vee b) \to c \le a \to c$. 同様に，$(a \vee b) \to c \le b \to c$. よって，$(a \vee b) \to c \le (a \to c) \wedge (b \to c)$.

一方，$d := (a \to c) \wedge (b \to c)$ とおくと，分配律を使って，$(a \vee b) \wedge d = (a \wedge d) \vee (b \wedge d) = (a \wedge c \wedge (b \to c)) \vee ((a \to c) \wedge b \wedge c) \le c \vee c = c$. α により，$d \le (a \vee b) \to c$，つまり，$(a \to c) \wedge (b \to c) \le (a \vee b) \to c$.

14：α により，任意の d について，次の4つの式は互いに同値である：

$$d \le a \to (b \to c), \quad a \wedge d \le b \to c, \quad (a \wedge b) \wedge d \le c, \quad d \le (a \wedge b) \to c$$

ここで，d に $a \to (b \to c)$ を代入すると，$a \to (b \to c) \le (a \wedge b) \to c$ が得られ，$(a \wedge b) \to c$ を代入すると，$(a \wedge b) \to c \le a \to (b \to c)$ が得られる．このとき，2つ目の等式 $(a \wedge b) \to c = b \to (a \to c)$ は明らか．

15：性質8を2回適用すると，$a \wedge (a \to b) \wedge (b \to c) = a \wedge b \wedge (b \to c) = a \wedge b \wedge c \le c$. よって，$(a \to b) \wedge (b \to c) \le a \to c$.

16：上記性質15に α を適用する．

17：性質9と β から明らか．

18：$0 \le b$ に性質10を適用する．

19：前者は性質3から，後者は性質7から明らか．

20：α の b に 0 を代入し，c に $\neg a$ を代入する．

21：α と性質20から，$\neg a \wedge a \le 0 \iff a \le \neg a \to 0$. よって，$a \le \neg \neg a$.

22：左から右は性質20から明らか．逆は性質19から明らか．

23：性質21から，$\neg a \le \neg \neg \neg a$. また，性質21と性質17から，$\neg \neg \neg a \le \neg a$.

24: 左から右は，性質 23 により，$\neg a = \neg\neg a \to 0 = 0 \to 0 = 1$. 逆は，性質 19 から明らか．

25: 性質 13 から，$\neg(a \vee b) = (a \vee b) \to 0 = (a \to 0) \wedge (b \to 0) = \neg a \wedge \neg b$.

26: α の b に 0 を代入し，c に b を代入する．

27: 性質 20 から，$(a \wedge b) \wedge \neg a \leq 0$. よって，$\alpha$ から，

$$(a \wedge b) \wedge \neg a \leq 0 \iff \neg a \leq (a \wedge b) \to 0 \iff \neg a \leq \neg(a \wedge b)$$

同様に，$\neg b \leq \neg(a \wedge b)$. よって，$\neg a \vee \neg b \leq \neg(a \wedge b)$

28: 性質 17 と 21 から，$a \leq \neg b \implies b \leq \neg\neg b \leq \neg a$. 逆も同様．

29: 性質 15 から，$(a \to b) \wedge (b \to 0) \leq a \to 0$. つまり，$\neg b \wedge (a \to b) \leq \neg a$. よって，$\alpha$ から，$a \to b \leq \neg b \to \neg a$.

30: 性質 14 の c に 0 を代入する． □

Rasiowa and Sikorski(1963, p.123) により，ハイティング代数は次のようにも定義できる：

定義 5.3 0 をもつ束 H が次の 4 つの等式を満足する 2 項演算 $\to$ について閉じているとき，H をハイティング代数という：任意の $a, b, c \in H$ に対し，

1. $a \wedge (a \to b) = a \wedge b$
2. $(a \to b) \wedge b = b$
3. $(a \to b) \wedge (a \to c) = a \to (b \wedge c)$
4. $(a \to a) \wedge b = b$

命題 5.4 定義 5.2 と定義 5.3 は同等である．

証明 定義 5.2 から定義 5.3 が導けることは，命題 5.3 から明らか．逆は，次のようになる．$c \leq a \to b$ とすると，定義 5.3 の 1 から，$a \wedge c \leq a \wedge (a \to b) = a \wedge b \leq b$ となる．

逆に，$a \wedge c \leq b$ とすると，$c \wedge a = c \wedge a \wedge b$ となる．また，定義 5.3 の 2 から $c \leq (a \to c)$ となるので，次が成り立つ：

$$\begin{aligned} c \leq a \to c &= (a \to c) \wedge (a \to a) & (\text{定義 5.3 の 4 より}) \\ &= a \to (c \wedge a) & (\text{定義 5.3 の 3 より}) \\ &= a \to (c \wedge a \wedge b) \end{aligned}$$

5.1. ハイティング代数

$$= (a \to (c \land a)) \land (a \to b) \quad \text{(同上)}$$
$$\leq a \to b$$

つまり，$c \leq a \to b$ となる．以上から，$a \land c \leq b \iff c \leq a \to b$. □

なお，定義 5.3 においても，擬補元 $\neg a$ は $a \to 0$ として定義される．ブール代数において，$a \to b$ を $a' \lor b$ で定義するとき，上記定義 5.3 の条件はすべて満たされるので，ブール代数はハイティング代数である．

本節最後に，ハイティング代数間の (準) 同型写像の定義をしておく．

定義 5.4 H と H^* を 2 つのハイティング代数とする．このとき，写像 $h: H \longrightarrow H^*$ が，次のように，H における演算 $\lor, \land, \to, \neg$ を保存するとき，h を H から H^* への準同型写像，あるいは，**ハイティング準同型写像** (Heyting homomorphism) という：任意の $a, b \in H$ について，

1. $h(a \lor b) = h(a) \lor h(b)$
2. $h(a \land b) = h(a) \land h(b)$
3. $h(a \to b) = h(a) \to h(b)$
4. $h(\neg a) = \neg(h(a))$

なお，上式 1〜4 において，等号 = の左辺における演算は H におけるもので，右辺の演算は H^* におけるものである．そして，束やブール代数の場合と同様，ハイティング代数間の準同型写像が単射のとき，それを単射準同型 (写像)，あるいは，埋め込み (写像) という．$h: H \longrightarrow H^*$ が埋め込みのとき，$h: H \hookrightarrow H^*$ のようにも書く．さらに，準同型写像が全単射のとき，それを同型 (写像) といい，2 つのハイティング代数は同型であるという．H と H^* が同型のとき，$H \cong H^*$ と書く．2 つの同型なハイティング代数はしばしば同一のものとして扱われる．

ハイティング代数間の準同型写像に関する簡単な命題を 2 つのべておく．

命題 5.5 H と H^* を 2 つのハイティング代数とし，写像 h を H から H^* への準同型写像とする．このとき，次が成り立つ：

$$h(0_H) = 0_{H^*}, \quad h(1_H) = 1_{H^*}$$

証明 任意の $a \in H$ について，次のようになる：

1. $h(0_H) = h(a \wedge \neg a) = h(a) \wedge \neg(h(a)) = 0_{H^*}$
2. $h(1_H) = h(a \to a) = h(a) \to h(a) = 1_{H^*}$ □

命題 5.6 H と H^* を2つのハイティング代数とする．写像 $h : H \longrightarrow H^*$ が準同型写像の定義 5.4 の条件 1〜3 を満たし，さらに，$h(0_H) = 0_{H^*}$ とする．このとき，h は H から H^* への準同型写像である．

証明 任意の $a \in H$ について，$h(\neg a) = \neg(h(a))$ を示せばよい．これは，次によりわかる：

$$h(\neg a) = h(a \to 0_H) = h(a) \to h(0_H) = h(a) \to 0_{H^*} = \neg(h(a))$$

□

ハイティング代数では，$\neg a$ は $a \to 0$ として定義されるが，だからといって，定義 5.4 の条件 1〜3 があれば，2つのハイティング代数間の写像が準同型写像になるということではない．この点は注意が必要である．

5.2　完備ハイティング代数

本節では，完備なハイティング代数についてのべる．

定義 5.5 完備束 H がハイティング代数であるとき，**完備ハイティング代数** (complete Heyting algebra) といい，略して **cHa** と記す．つまり，完備ハイティング代数は，次の条件を満たす2項演算 $\to$ をもつ完備束である：任意の $a, b, c \in H$ について，

$$a \wedge c \leq b \iff c \leq a \to b$$

H が完備ハイティング代数のとき，$\bigvee H$ と $\bigwedge H$ は H の最大元と最小元で，それぞれ 1 と 0 と記す．$a \to 0$ を $\neg a$ と書く．完備ハイティング代数は **フレーム** (frame) とか **ロカール（ロケール）**(locale) などともよばれる．なお，完備ブール代数は完備ハイティング代数である．

5.2. 完備ハイティング代数

命題 5.7 完備ハイティング代数 H は 次の $(\wedge, \bigvee)$-分配律を満たす：任意の $a \in H$ および $\{b_i\}_{i \in I} \subseteq H$ について，
$$a \wedge \bigvee_{i \in I} b_i = \bigvee_{i \in I}(a \wedge b_i)$$

証明 任意の $i \in I$ に対して，$a \wedge b_i \leq a \wedge \bigvee_{i \in I} b_i$. よって，
$$\bigvee_{i \in I}(a \wedge b_i) \leq a \wedge \bigvee_{i \in I} b_i$$

逆に，各 $i \in I$ について，$a \wedge b_i \leq \bigvee_{i \in I}(a \wedge b_i)$ より，
$$b_i \leq a \to \bigvee_{i \in I}(a \wedge b_i)$$

したがって，
$$\bigvee_{i \in I} b_i \leq a \to \bigvee_{i \in I}(a \wedge b_i)$$

よって，
$$a \wedge \bigvee_{i \in I} b_i \leq \bigvee_{i \in I}(a \wedge b_i)$$

となる．以上から，$a \wedge \bigvee_{i \in I} b_i = \bigvee_{i \in I}(a \wedge b_i)$ が成り立つ． □

命題 5.8 完備ハイティング代数 H の任意の 2 元 a, b に対して，次が成り立つ：
$$a \to b = \bigvee\{c \in H \mid a \wedge c \leq b\}$$

証明 任意の $a, b, c \in H$ に対し，$a \wedge c \leq b \Longrightarrow c \leq a \to b$ なので，
$$\bigvee\{c \in H \mid a \wedge c \leq b\} \leq a \to b$$

逆に，任意の $a, b, d \in H$ に対し，
$$d \leq a \to b \Longrightarrow a \wedge d \leq b \Longrightarrow d \leq \bigvee\{c \in H \mid a \wedge c \leq b\}$$

よって，この d に $a \to b$ を代入すると，
$$a \to b \leq \bigvee\{c \in H \mid a \wedge c \leq b\}$$
□

この命題 5.7 と 5.8 に基づき，完備ハイティング代数の特徴付け (定義) を次のようにすることもできる．

命題 5.9 完備束 L 上の 2 項演算 $\to$ を $a \to b := \bigvee\{c \in L \mid a \wedge c \leq b\}$ によって定義する．このとき，次が成り立つ：

L は完備ハイティング代数である $\iff$ L は $(\wedge, \bigvee)$-分配律を満たす

証明 $\implies$：命題 5.7 による.

$\impliedby$：任意の $a,b,c \in H$ について，$a \wedge c \leq b \iff c \leq a \to b$ を示せばよい．左から右は $a \to b$ の定義から明らか．逆は，$c \leq a \to b$ のとき，$d \in L$ として，次のようになる：

$$a \wedge c \leq a \wedge (a \to b) = a \wedge \bigvee \{d \mid a \wedge d \leq b\} = \bigvee \{a \wedge d \mid a \wedge d \leq b\} \leq b$$

$\square$

例 5.1 位相空間 X の開集合系 $\mathcal{O}_X$ は包含関係 $\subseteq$ に関して完備ハイティング代数である．すなわち，$\mathcal{O}_X$ の元 p, q, p_i に対し，次のように定義する：

$$p \leq q \overset{def}{\iff} p \subseteq q, \quad p \wedge q := p \cap q, \quad \bigvee_i p_i := \bigcup_i p_i$$

このとき，$\mathcal{O}_X$ は完備ハイティング代数である．つまり，$q \wedge \bigvee_i p_i = \bigvee_i (q \wedge p_i)$ が成り立つ．また，

$$p \to q = ((X-p) \cup q)^\circ, \quad \neg p = (X-p)^\circ, \quad \bigwedge_i p_i = (\bigcap_i p_i)^\circ$$

となる．したがって，$p \vee \neg p = 1$ は必ずしも成り立たない．

例 5.2 位相空間の開集合 p がその閉包の内部 $\overline{p}^\circ$ と一致するとき，p を正則開集合という．位相空間の正則開集合全体は，包含関係に関して完備ブール代数である．したがって，完備ハイティング代数でもある．

なお，正則開集合族 $\{b_i\}_{i \in I}$ の上限 $\bigvee_{i \in I} b_i$ と下限 $\bigwedge_{i \in I} b_i$ は，それぞれ $\overline{(\bigcup_{i \in I} b_i)}^\circ$ と $\overline{(\bigcap_{i \in I} b_i)}^\circ$ である (前章定理 4.29 参照).

5.3 ハイティング代数・ブール代数と商代数

この節では，ハイティング代数におけるフィルターやイデアルについて考察する.

まず最初に，束における素フィルターと素イデアルが双対的な関係にあることを示す．改めて，束におけるフィルターとイデアルの定義を記し，素フィルターおよび素イデアルを定義する.

定義 5.6 束 H の空でない部分集合 F が次の条件を満たすとき，F は H のフィルターという：任意の $a, b \in H$ について，

5.3. ハイティング代数・ブール代数と商代数

1. $a, b \in F$ ならば $a \wedge b \in F$
2. $(a \in F$ かつ $a \leq b)$ ならば $b \in F$

さらに，$F \neq H$ のとき，F を固有フィルターという．そして，固有フィルター F が次の条件を満たすとき，素フィルター (prime filter) という：

3. $a \vee b \in F$ ならば $(a \in F$ または $b \in F)$

定義 5.7 束 H の空でない部分集合 G が次の条件を満たすとき，G は H のイデアルという：任意の $a, b \in H$ について，

1. $a, b \in G$ ならば $a \vee b \in G$
2. $(b \in G$ かつ $a \leq b)$ ならば $a \in G$

さらに，$G \neq H$ のとき，G を固有イデアルという．そして，固有イデアル G が次の条件を満たすとき，**素イデアル** (prime ideal) という：

3. $a \wedge b \in G$ ならば $(a \in G$ または $b \in G)$

さて，このとき，次の命題が成立する：

命題 5.10 束 H において，その 2 つの部分集合 $F, G \subseteq H$ が条件 $F \cap G = \emptyset$ かつ $F \cup G = H$ を満たすとき，次が成り立つ：

$$F \text{ は } H \text{ の素フィルター} \iff G \text{ は } H \text{ の素イデアル}$$

証明 $\implies$：F が束 H の素フィルターのとき，$G = H - F$ が H の素イデアルであることを示す．

まず，$F \neq \emptyset$ かつ $F \neq H$ なので，$G \neq \emptyset$ かつ $G \neq H$ である．そして，$a, b \in H$ とすると次が成り立つ：

1. $a, b \in G \implies (a \notin F$ かつ $b \notin F) \implies a \vee b \notin F \implies a \vee b \in G$
2. $b \in G, a \leq b \implies (b \notin F$ かつ $a \leq b) \implies a \notin F \implies a \in G$
3. $a \wedge b \in G \implies a \wedge b \notin F \implies (a \notin F$ または $b \notin F) \implies (a \in G$ または $b \in G)$.

$\impliedby$：上と同様． □

命題 5.11 H を分配束とするとき，H の極大フィルターは素フィルターである．また，H の極大イデアルも素イデアルである．

証明 前半：いま，H の固有フィルター $F \subseteq H$ が素フィルターでないとすると，極大フィルターでないことを示す．ある $a, b \in H$ に対して，$a \vee b \in F$ であって，$a \notin F$ かつ $b \notin F$ とする．このとき，第 1 章の命題 1.14 の 1 により，$F_1 := \{x \in H \mid \exists c \in F (a \wedge c \leq x)\}$ は H のフィルターとなる．いま，$b \in F_1$ とすると，$a \wedge c \leq b$ となる $c \in F$ が存在する．そのとき，$a \vee b \in F$ かつ $c \vee b \in F$ となるので，

$$b = (a \wedge c) \vee b = (a \vee b) \wedge (c \vee b) \in F$$

となり，仮定に反する．よって，$b \notin F_1$ となり，F_1 が固有フィルターであることがわかる．次に，任意の $d \in F$ について，$a \wedge d \leq d$ となるので，$d \in F_1$ となる．よって，$F \subseteq F_1$．また，$a \vee b \in F$ に対して，$a = a \wedge (a \vee b) \leq a$ となるので，$a \in F_1$．つまり，$a \notin F$ だから，$F \neq F_1$．以上から，F は極大フィルターではない．

後半：イデアルに関しては，練習問題とする． □

命題 5.12 H を分配束とする．任意の 2 元 $a, b \in H$ が $b \not\leq a$ となるとき，次の 2 つが成り立つ：

1. $a \notin F$ かつ $b \in F$ となる H の素フィルター F が存在する
2. $a \in G$ かつ $b \notin G$ となる H の素イデアル G が存在する

証明 1：$\mathcal{F} := \{F \subseteq H \mid F$ は H のフィルター，$a \notin F, b \in F\}$ とする．単項フィルター $\uparrow b$ は，$a \notin \uparrow b$ かつ $b \in \uparrow b$ となるので，$\uparrow b \in \mathcal{F}$ となり，$\mathcal{F} \neq \emptyset$ となる．命題 1.15 の 1 により，$\subseteq$ に関する順序集合 $\mathcal{F}$ の任意の鎖は上界を $\mathcal{F}$ の中にもつ．実際，任意のそうした鎖 $\mathcal{E} \subseteq \mathcal{F}$ を 1 つとると，フィルター $\bigcup \mathcal{E}$ に対して，$a \notin \bigcup \mathcal{E}$ かつ $b \in \bigcup \mathcal{E}$ となることは明らかである．よって，ツォルンの補題により，$\mathcal{F}$ は極大元 F_0 をもつ．

この F_0 について，$a \notin F_0$ かつ $b \in F_0$ となるので，次に，F_0 が素フィルターであることを示す．そこで，いま仮に，F_0 が素フィルターでないとする．つまり，ある $e, f \in H$ に対して，$e \vee f \in F_0, e \notin F_0$, かつ $f \notin F_0$ と仮定する．ここで，F_e, F_f をそれぞれ，$F_0 \cup \{e\}, F_0 \cup \{f\}$ により生成された H のフィルターとする．つまり，命題 1.14 の 1 により，

$$F_e = \{c \in H \mid \exists d \in F_0 : e \wedge d \leq c\}$$
$$F_f = \{c \in H \mid \exists d \in F_0 : f \wedge d \leq c\}$$

5.3. ハイティング代数・ブール代数と商代数　　　　　　　　　　121

となる. このとき, F_e, F_f のどちらか一方は, a を元としてもたない. もし, $a \in F_e$ かつ $a \in F_f$ とすると, $e \wedge d_1 \leq a, f \wedge d_2 \leq a$ となる $d_1, d_2 \in F_0$ が存在することになる. ここで, $d := d_1 \wedge d_2$ とすると, $d \in F_0$ であり, $e \wedge d \leq a, f \wedge d \leq a$ となる. よって, $(e \wedge d) \vee (f \wedge d) = (e \vee f) \wedge d \leq a$ となるが, $(e \vee f) \wedge d \in F_0$ なので, $a \in F_0$ となり, 矛盾する.

つまり, F_e, F_f のどちらか一方は, a を元としてもたないので, たとえば, $a \notin F_e$ としよう. F_e の定義から, $F_0 \subseteq F_e$ である. よって, $b \in F_e$ なので, $F_e \in \mathcal{F}$ となる. そして, $e \notin F_0$ かつ $e \in F_e$ である. よって, $F_0 \subsetneq F_e$ となり, $\mathcal{F}$ における F_0 の極大性に反する. なお, この議論は, F_e の代わりに F_f をとっても同様の結果になる. 以上から, F_0 は素フィルターである.

2: $b \not\leq a$ として, $b \notin G$ かつ $a \in G$ となる素イデアル G が存在することを示す. イデアルの集合 $\mathcal{G}$ を

$$\mathcal{G} := \{G \subseteq H \mid G \text{ は } H \text{ のイデアルで}, b \notin G \text{ かつ } a \in G\}$$

によって定義すると, 単項イデアル $\downarrow a$ は $\mathcal{G}$ に属するので, $\mathcal{G}$ は空でない. このとき, $\mathcal{G}$ の任意の鎖は上界 (その鎖の和集合) を $\mathcal{G}$ の中にもつので, ツォルンの補題により, $\mathcal{G}$ は極大元をもつ. その 1 つを G_0 とすると, このイデアル G_0 に関して, $b \notin G_0$ かつ $a \in G_0$ となる.

次に, G_0 が素イデアルであることを証明する. いま仮に, $e \wedge f \in G_0, e \notin G_0$ かつ $f \notin G_0$ となる $e, f \in H$ が存在するとする. このとき, G_e, G_f をそれぞれ, $G_0 \cup \{e\}, G_0 \cup \{f\}$ により生成された H のイデアルとする. つまり, 命題 1.14 の 2 により,

$$G_e = \{c \in H \mid \exists d \in G_0 : c \leq e \vee d\}$$
$$G_f = \{c \in H \mid \exists d \in G_0 : c \leq f \vee d\}$$

となる. このとき, G_e, G_f のどちらか一方は, b を元としてもたない. もし, $b \in G_e$ かつ $b \in G_f$ とすると, $b \leq e \vee d_1, b \leq f \vee d_2$ となる $d_1, d_2 \in G_0$ が存在する. このとき, $d := d_1 \vee d_2$ とおくと, $d \in G_0$ となり, $b \leq e \vee d, b \leq f \vee d$ となる. よって, $b \leq (e \vee d) \wedge (f \vee d) = (e \wedge f) \vee d$ となるが, $(e \wedge f) \vee d \in G_0$ となるので, $b \in G_0$ となってしまい, 矛盾する.

よって, G_e, G_f のどちらか一方は, b を元としてもたない. そこで, $b \notin G_e$ とする. G_e の定義から, $G_0 \subseteq G_e$ である. よって, $a \in G_0$ なので $a \in G_e$. したがって, $G_e \in \mathcal{G}$. また, $e \notin G_0$ かつ $e \in G_e$ なので, $G_0 \subsetneq G_e$ となる.

これは，G_0 の $\mathcal{G}$ における極大性に反する．よって，任意の $e, f \in H$ について，$e \wedge f \in G_0$ ならば，$e \in G_0$ または $f \in G_0$．つまり，G_0 は素イデアルである． □

次に，ハイティング代数やブール代数のフィルターを使った商代数を考えるが，まず，次の命題を証明する．

命題 5.13 H をハイティング代数，あるいは，ブール代数とし，$F \subseteq H$ とする．このとき，F が H のフィルターであることと，次の2条件が成り立つこととは同値である：

1. $1 \in F$
2. $a \in F$, $a \to b \in F$ ならば，$b \in F$

証明 まず最初に，ブール代数もハイティング代数であることを確認しておく．さて，F がフィルターのとき，1, 2 の条件を満たすことは，ほぼ明らかなので，1, 2 の条件が成り立つとき，F がフィルターであることを示す．

ところで，$b \wedge a \leq a \wedge b$ から，$a \leq b \to (a \wedge b)$．よって，命題 5.3 の 2 から，$a \to (b \to (a \wedge b)) = 1 \in F$．したがって，条件 2 から，$a, b \in F$ ならば，$a \wedge b \in F$．

次に，$a \leq b$ および $a \in F$ を仮定すると，$a \to b = 1 \in F$ となるので，条件 2 から，$b \in F$． □

定義 5.8 H をハイティング代数，あるいは，ブール代数とし，F を H のフィルターとする．このとき，H 上の 2 項関係 $\sim$ を次のように定義する：任意の $a, b \in H$ について，

1. $a \sim b \overset{def}{\iff} (a \to b \in F$ かつ $b \to a \in F)$

このとき，$\sim$ は H 上の同値関係となる．そこで，H の元について，$\sim$ に関する同値類を次のように定義する：各 $a \in H$ に対して，

2. $|a| := \{b \in H \mid a \sim b\}$

そして，H の $\sim$ に関する商代数 $H/\sim$ を次のように定義する：

3. $H/\sim \; := \{|a| \mid a \in H\}$

5.3. ハイティング代数・ブール代数と商代数

この $H/\sim$ は H/F とも書く．このとき，H/F 上の順序 $\leq$ を次のように定義する：任意の $a,b \in H$ について，

4. $|a| \leq |b| \stackrel{def}{\iff} a \to b \in F$

この H/F 上の順序 $\leq$ が well-defined であることは簡単にチェックできるので，練習問題とする．

注意 5.1 今後，ハイティング代数，あるいは，ブール代数について，そのフィルターを使った商代数を考えるとき，上記定義 5.8 に基づいて考えることとする．

さて，定義 5.8 に基づき，ハイティング代数 H および，そのフィルター F について，H/F がハイティング代数になることが次の命題によりわかる．

命題 5.14 $\langle H, \vee, \wedge, \to, 0, 1\rangle$ をハイティング代数，$F \subseteq H$ をそのフィルターとするとき，商代数 $\langle H/F, \vee_{H/F}, \wedge_{H/F}, \to_{H/F}, 0_{H/F}, 1_{H/F}\rangle$ もハイティング代数となり，次が成り立つ：任意の $a,b \in H$ について，

1. $|a| \vee_{H/F} |b| = |a \vee b|$
2. $|a| \wedge_{H/F} |b| = |a \wedge b|$
3. $|a| \to_{H/F} |b| = |a \to b|$
4. $0_{H/F} = |0|, \quad 1_{H/F} = |1|$
5. $|a| = 1_{H/F} \iff a \in F$
6. $|a| = 0_{H/F} \iff \neg a \in F$
7. $\neg_{H/F} |a| = |\neg a|$

証明 1: $a \leq a \vee b$ から，$a \to (a \vee b) = 1 \in F$，つまり，$|a| \leq |a \vee b|$．同様に，$|b| \leq |a \vee b|$．一方，任意の $c \in H$ について，$|a| \leq |c|$ かつ $|b| \leq |c|$ とすると，$a \to c \in F$ かつ $b \to c \in F$ となり，$(a \to c) \wedge (b \to c) \in F$ となる．このとき，$(a \to c) \wedge (b \to c) = (a \vee b) \to c$ なので，$(a \vee b) \to c \in F$ となり，$|a \vee b| \leq |c|$ となる．以上から，$|a| \vee_{H/F} |b| = |a \vee b|$.

2: 上記 1 と同様．

3: 任意の $x \in H$ について，$|x| \leq |a \to b| \iff |a| \wedge_{H/F} |x| \leq |b|$ を示せばよい．いま，$|x| \leq |a \to b|$，つまり，$x \to (a \to b) \in F$ とすると，

$x \to (a \to b) = (a \wedge x) \to b$ なので，$(a \wedge x) \to b \in F$. よって，$|a \wedge x| \leq |b|$. このとき，上記 2 により，$|a| \wedge_{H/F} |x| \leq |b|$.

逆もほぼ同様に示すことができる.

4：任意の $a \in H$ について，$(0 \to a) = 1 \in F$. よって，任意の $a \in H$ について，$|0| \leq |a|$. これは，$|0|$ が H/F の最小元であることを示している. つまり，$0_{H/F} = |0|$. 同様に，任意の $a \in H$ について，$(a \to 1) = 1 \in F$. よって，任意の $a \in H$ について，$|a| \leq |1|$. これは，$|1|$ が H/F の最大元であることを示している. つまり，$1_{H/F} = |1|$.

5：$|a| = 1_{H/F} \iff |1| \leq |a| \iff (1 \to a) = a \in F$.
6：$|a| = 0_{H/F} \iff |a| \leq |0| \iff (a \to 0) = \neg a \in F$.
7：上記 3 により，$\neg_{H/F} |a| := (|a| \to_{H/F} |0|) = |a \to 0| = |\neg a|$.

上記 1, 2, 4 から，H/F が 0, 1 をもつ束で，上記 3 から，相対擬補元が存在することになり，H/F はハイティング代数となる. □

以下，混乱の恐れのないときは，$\vee_{H/F}$ などの $_{H/F}$ は省略する. 上記命題 5.14 のブール代数版は次のようになる.

命題 5.15 $\langle B, \vee, \wedge, ', 0, 1 \rangle$ をブール代数，$A \subseteq B$ をそのフィルターとするとき，商代数 $\langle B/A, \vee_{B/A}, \wedge_{B/A}, '^{B/A}, 0_{B/A}, 1_{B/A} \rangle$ もブール代数となり，次が成り立つ：任意の $a, b \in B$ について，

1. $|a| \vee_{B/A} |b| = |a \vee b|$
2. $|a| \wedge_{B/A} |b| = |a \wedge b|$
3. $|a|'^{B/A} = |a'|$
4. $0_{B/A} = |0|, \quad 1_{B/A} = |1|$
5. $|a| = 1_{B/A} \iff a \in A$
6. $|a| = 0_{B/A} \iff a' \in A$
7. $|a| \to_{B/A} |b| = |a \to b|$

証明 商代数 $\langle B/A, \vee_{B/A}, \wedge_{B/A}, '^{B/A}, 0_{B/A}, 1_{B/A} \rangle$ について，それが $0_{B/A}$, $1_{B/A}$ をもつ束であることの証明は，上記命題 5.14 の証明と同様である. 相補束であること，つまり，任意の $|a| \in B/A$ について，

$$|a| \vee_{B/A} |b| = 1_{B/A} \qquad |a| \wedge_{B/A} |b| = 0_{B/A}$$

5.3. ハイティング代数・ブール代数と商代数

となる $|b|$ が存在することについては,この $|b|$ として $|a'|$ をとればよい.
$|a| \vee_{B/A} |a'| = |a \vee a'| = |1| = 1_{B/A}$, $|a| \wedge_{B/A} |a'| = |a \wedge a'| = |0| = 0_{B/A}$
となるからである.つまり,$|a|'^{B/A} = |a'|$.

最後に分配律
$$|a| \wedge (|b| \vee |c|) = (|a| \wedge |b|) \vee (|a| \wedge |c|)$$
については,性質 1, 2 と B における分配律から導かれる.   □

命題 5.16 H をハイティング代数とし,F を H のフィルターとする.このとき,次が成り立つ:

F は固有フィルターである $\iff$ H/F は少なくとも 2 つの異なる元をもつ

証明 $\Longrightarrow$:命題 5.14 の 5 から,任意の $a \in H$ について,$|a| = 1_{H/F} \iff a \in F$ となる.F は固有フィルターなので,$0 \notin F$.よって,$|0| \neq 1_{H/F}$ となる.もちろん,$1 \in F$ なので,$|1| = 1_{H/F}$ となり,$|0| \neq |1|$ となるので,H/F は,$|0|, |1|$ という,少なくとも 2 つの異なる元をもつ.

$\Longleftarrow$:ハイティング代数 H/F が少なくとも 2 つの異なる元をもつということは,$|0| = 0_{H/F} \neq 1_{H/F} = |1|$ ということである.よって,命題 5.14 の 5 から,$0 \notin F$ となり,F は固有フィルターである.   □

命題 5.17 H をハイティング代数とし,F を H のフィルターとする.そして,$a \in H$ とし,F_a を $F \cup \{a\}$ によって生成された H のフィルターとする.このとき,次が成り立つ:

F_a は固有フィルターである $\iff$ $\neg a \notin F$

証明 第 1 章の命題 1.14 の 1 を使うと,次のようになる:

F_a は固有フィルターでない $\iff 0 \in F_a$
$\iff \exists c \in F : a \wedge c \leq 0$
$\iff \exists c \in F : c \leq \neg a$
$\iff \neg a \in F$ □

定理 5.18 H をハイティング代数とし,F を H のフィルターとする.このとき,次の 4 つの条件は互いに同値である:

1. F は極大フィルターである

2. F は固有フィルターで,各 $a \in H$ について,$a \in F$ または $\neg a \in F$
3. F は超フィルターである.つまり,各 $a \in H$ について,a と $\neg a$ の一方が,そして,一方のみが F に属する.
4. H/F はちょうど 2 つの元をもつ

証明 $1 \Longrightarrow 2$:F が極大フィルターで,$\neg a \notin F$ のとき,命題 5.17 により,$F \cup \{a\}$ によって生成されたフィルター F_a は固有フィルターである.そして,$a \in F_a$ で,F_a が極大フィルター F を部分集合として含むので,$F_a = F$ となる.

$2 \Longrightarrow 3$:もし,$a \in F$ かつ $\neg a \in F$ とすると,$a \wedge \neg a = 0 \in F$ となり,F が固有フィルターであることに反する.よって,任意の $a \in H$ について,a と $\neg a$ の一方が,そして,一方のみが F に属する.

$3 \Longrightarrow 1$:任意の $a \in H$ について,a と $\neg a$ のどちらか一方のみが必ずフィルター F に入っているとする.$1 \in F$ だから,$\neg 1 = 0 \notin F$ となり,F は固有フィルターである.

次に,$F \subsetneq F'$ となるフィルター F' が存在すると仮定する.このとき,各 $a \in H$ について,a または $\neg a$ のいずれか一方がすでに F に入っているので,ある $b \in H$ について,$b \in F'$ かつ $\neg b \in F'$ となる.よって,$b \wedge \neg b = 0 \in F'$ となり,F' は固有フィルターでなくなる.つまり,$F \subsetneq F'$ となるような固有フィルター F' は存在しないので,F は極大フィルターである.

$3 \Longrightarrow 4$:任意の $a \in H$ について,a と $\neg a$ のどちらか一方のみが必ずフィルター F に入っているので,命題 5.14 の 5 と 6 から,任意の $a \in H$ について,$|a| = 1_{H/F}$ と $|a| = 0_{H/F}$ のどちらか一方のみが必ず成り立つ.また,もし,$1_{H/F} = 0_{H/F}$ とすると,$|1| = |0|$ となり,$1 \to 0 = 0 \in F$ となる.よって,$F = H$ となり,F が超フィルターであることに矛盾するので,$1_{H/F} \neq 0_{H/F}$.したがって,H/F はまさに $1_{H/F}$ と $0_{H/F}$ の 2 つの元のみからなるハイティング代数である.

$4 \Longrightarrow 3$:ハイティング代数は必ず 0 と 1 をもつ.したがって,ハイティング代数 H/F がちょうど 2 つの元からなるということは,それらは $0_{H/F}$ と $1_{H/F}$ で,$0_{H/F} \neq 1_{H/F}$ である.したがって,任意の $a \in H$ について,$|a| = 0_{H/F}$ か $|a| = 1_{H/F}$ のいずれか一方が,そして,一方のみが成り立つので,命題 5.14 の 5 と 6 から,$a \in F$ と $\neg a \in F$ のどちらか一方のみが必ず成り立つ. □

5.4 位相を利用したブール代数の完備化

この節では，第 4 章で学んだ位相空間論をブール代数に適用することを考える．第 2 章で，ストーンの表現定理として，任意のブール代数は，完備ブール代数 (ベキ集合ブール代数) へ埋め込むことができることを学んだ．ただ，その埋め込み写像は，無限 join や無限 meet を保存するとは限らない．この節では，無限 join や無限 meet を保存する，ブール代数から完備ブール代数への埋め込みを考える．そのために位相の概念を利用する．

まず，本節で必要になる重要な定義をする．

定義 5.9 L を任意の分配束とし，L のストーン空間 $\mathcal{T}(L)$，ストーン写像 $h: L \longrightarrow \mathcal{P}(\mathcal{T}(L))$，および，$\mathcal{S}(L)$ を次のように定義する：

1. $\mathcal{T}(L) := \{F \subseteq L \mid F \text{ は } L \text{ の素フィルター}\}$
2. $h: L \longrightarrow \mathcal{P}(\mathcal{T}(L))$; $a \mapsto \{F \in \mathcal{T}(L) \mid a \in F\}$
3. $\mathcal{S}(L) := h(L) = \{h(a) \mid a \in L\} \subseteq \mathcal{P}(\mathcal{T}(L))$

この定義に基づき，Stone による分配束の表現定理を証明する．

定理 5.19 (分配束の表現定理) 任意の分配束に対し，それと同型になる集合束が存在する．

証明 L を任意の分配束とし，$\mathcal{T}(L)$, $h: L \longrightarrow \mathcal{P}(\mathcal{T}(L))$ を，それぞれ，L のストーン空間およびストーン写像とする．そして，$\mathcal{S}(L)$ を，L の h による像 $h(L)$ とする．

写像 h が L と $\mathcal{S}(L)$ の間の同型写像であることを示す．まず，任意の $a, b \in L$ をとり，$a \neq b$ とする．このとき，$a \not\leq b$ または $b \not\leq a$ となるので，命題 5.12 により，$h(a) \neq h(b)$ となり，h は単射となる．よって，$h: L \longrightarrow \mathcal{S}(L)$ は全単射となる．

次に，$h(a \vee b) = h(a) \cup h(b)$ および $h(a \wedge b) = h(a) \cap h(b)$ を示す．いま，$F \in h(a \vee b)$ とすると，$a \vee b \in F$ となり，$a \in F$ または $b \in F$ となる．よって，$F \in h(a)$ または $F \in h(b)$ となる．逆に，$F \in h(a)$ または $F \in h(b)$ とすると，$a \in F$ または $b \in F$ となる．いずれにしても，$a \vee b \in F$ となるので，$F \in h(a \vee b)$ となる．以上から，$h(a \vee b) = h(a) \cup h(b)$ となる．$h(a \wedge b) = h(a) \cap h(b)$ についても同様にして証明できる．よって，h は $\vee, \wedge$ を保存し，しかも，$\mathcal{S}(L)$ が集合束であることがわかる． □

注意 5.2 この証明において，写像 $h : L \longrightarrow \mathcal{P}(\mathcal{T}(L))$ は，単射であって，全射ではない．つまり，h は L から $\mathcal{P}(\mathcal{T}(L))$ への単射準同型写像 (埋め込み) である．したがって，第 1 章の注意 1.13 が当てはまる．つまり，$a, b \in L$ および $\{a_i\}_{i \in I}, \{b_i\}_{i \in I} \subseteq L$ とし，$a = \bigvee_{i \in I} a_i$, $b = \bigwedge_{i \in I} b_i$ が成り立っているとすると，注意 1.13 から，次が成立する：

$$\bigcup_{i \in I} h(a_i) \subseteq h(a), \quad h(b) \subseteq \bigcap_{i \in I} h(b_i)$$

このことは，今後，本節では重要な意味をもつ．

上記定理 5.19 の証明における集合束 $\mathcal{S}(L)$ を**ストーン束** (Stone lattice) という．さて，これから，分配束 L に対するストーン空間 $\mathcal{T}(L)$ に位相を入れることを考える．第 4 章の命題 4.11 およびその証明に基づき，ストーン束 $\mathcal{S}(L) \subseteq \mathcal{P}(\mathcal{T}(L))$ を準基底とする $\mathcal{T}(L)$ の位相 $\mathcal{O}_{\mathcal{T}(L)}$ が一意に決まる．このとき，基底 $\mathcal{E}$ は，$\mathcal{S}(L)$ の有限個の元 $h(a_1), h(a_2), \cdots, h(a_n)$ の共通集合全体である．

今後，**ストーン位相空間**というとき，この位相空間 $\langle \mathcal{T}(L), \mathcal{O}_{\mathcal{T}(L)} \rangle$ を指すことにする (ただし，L は分配束，ブール代数，ハイティング代数のいずれか). 簡単のため，ストーン位相空間を $\mathcal{T}(L)$ と表記することもある．このとき，次の定理が成り立つ：

定理 5.20 L を分配束とする．このとき，ストーン位相空間 $\langle \mathcal{T}(L), \mathcal{O}_{\mathcal{T}(L)} \rangle$ は，T_0 空間になる．また，L が最大元 1 をもつとき，$\langle \mathcal{T}(L), \mathcal{O}_{\mathcal{T}(L)} \rangle$ はコンパクト空間になる．

証明 前半：ストーン空間の任意の異なる 2 点 $F_1, F_2 \in \mathcal{T}(L)$ をとる．$F_1 \neq F_2$ だから，これら 2 つの素フィルターの一方のみに元として含まれる $a \in L$ が存在する．たとえば，$a \in F_1, a \notin F_2$ としよう．このとき，$F_1 \in h(a), F_2 \notin h(a)$ となる．$h(a)$ はストーン位相空間における開集合なので，2 点 F_1, F_2 のうち，いずれか一方のみを含む開集合が存在することになるので，ストーン位相空間 $\mathcal{T}(L)$ は $\boldsymbol{T_0}$ 空間である．

後半：まず，L が最大元 1 をもつので，$h(1) = \mathcal{T}(L)$ である．そして，位相 $\mathcal{O}_{\mathcal{T}(L)}$ の基底 $\mathcal{E}$ はストーン束 $\mathcal{S}(L)$ の有限個の元の共通集合全体であるが，前定理 5.19 の証明から，$h(a_1) \cap h(a_2) \cap \cdots \cap h(a_n) = h(a_1 \wedge a_2 \wedge \cdots \wedge a_n)$ となるので，基底 $\mathcal{E}$ は $h(a)$ の形の元全体，つまり，$\mathcal{E} = \mathcal{S}(L)$ となる．

5.4. 位相を利用したブール代数の完備化

さて，空でない開集合族 $\{G_t\}_{t\in T} \subseteq \mathcal{O}_{\mathcal{T}(L)}$ が $\mathcal{T}(L)$ の開被覆であるとする．つまり，$\mathcal{T}(L) = \bigcup_{t\in T} G_t$. このとき，各開集合 G_t は基底 $\mathcal{E}$ の元 $h(a)$ の和集合であるので，

$$\mathcal{T}(L) = \bigcup_{i\in I} h(a_i)$$

のように表現できる．いま，任意の有限部分集合 $\{i_1, i_2, \cdots, i_m\} \subseteq I$ に対して，

$$\mathcal{T}(L) \neq h(a_{i_1}) \cup h(a_{i_2}) \cup \cdots \cup h(a_{i_m})$$

とする．つまり，任意の有限部分集合 $\{i_1, i_2, \cdots, i_m\} \subseteq I$ に対して，$h(a_{i_1}) \cup h(a_{i_2}) \cup \cdots \cup h(a_{i_m}) = h(a_{i_1} \vee a_{i_2} \vee \cdots \vee a_{i_m}) \neq \mathcal{T}(L) = h(1)$ とすると，写像 h が単射であることから，$a_{i_1} \vee a_{i_2} \vee \cdots \vee a_{i_m} \neq 1$ となる．このとき，$A := \{a_i \in L \mid i \in I\}$ によって生成される L のイデアル G は，第1章の命題 1.13 の 2 により，

$$G = \{c \in L \mid \exists a_1, a_2, \cdots, a_n \in A : c \leq a_1 \vee a_2 \vee \cdots \vee a_n\}$$

と表わせるが，$1 \notin G$ となる．そして，この固有イデアル G は，第1章の命題 1.16 の 2 により，G を部分集合として含む極大イデアル G_0 に拡大される．そして，$A \subseteq G \subseteq G_0$ となる．さらに，この G_0 は，命題 5.11 により，素イデアルである．ここで，$F_0 := \{a \in L \mid a \notin G_0\}$ とすると，$F_0 \cup G_0 = L$ かつ $F_0 \cap G_0 = \emptyset$ となるので，命題 5.10 により，F_0 は L の素フィルターであり，各 $a_i \in A$ について，$a_i \notin F_0$ となる．つまり，$F_0 \notin h(a_i)$ となる．しかし，これは，$F_0 \in \mathcal{T}(L) = \bigcup_{i\in I} h(a_i)$ に矛盾する．

以上から，I の有限部分集合 I_0 が存在し，$\mathcal{T}(L) = \bigcup_{i\in I_0} h(a_i)$ となり，ストーン位相空間 $\mathcal{T}(L)$ はコンパクト空間である． □

次に，束 L がブール代数 B のときのストーン空間 $\mathcal{T}(B)$ およびストーン位相空間 $\langle \mathcal{T}(B), \mathcal{O}_{\mathcal{T}(B)} \rangle$ を考える．ブール代数 B の場合，第2章の定理 2.22 (ストーンの表現定理) およびその証明からわかるように，ストーン束 $\mathcal{S}(B)$ は B と同型なので，ブール代数 (集合ブール代数) $\langle \mathcal{S}(B), \cup, \cap, ^c, \emptyset, \mathcal{T}(B) \rangle$ である．ここで，$h(0_B) = 0_{\mathcal{S}(B)} = \emptyset$, $h(1_B) = 1_{\mathcal{S}(B)} = \mathcal{T}(B)$ である．このブール代数 $\mathcal{S}(B)$ を**ストーン体** (Stone field) という．

定理 5.21 ブール代数 B のストーン位相空間 $\langle \mathcal{T}(B), \mathcal{O}_{\mathcal{T}(B)} \rangle$ は完全不連結なコンパクトハウスドルフ空間である．そして，ストーン体 $\mathcal{S}(B)$ はストー

ン位相空間 $\mathcal{T}(B)$ における開閉集合全体からなる集合に等しい．

証明 上記定理 5.20 から，$\langle \mathcal{T}(B), \mathcal{O}_{\mathcal{T}(B)} \rangle$ はコンパクト空間である．いま，任意の $F_1, F_2 \in \mathcal{T}(B)$ をとり，$F_1 \neq F_2$ とする．このとき，たとえば，$a \in F_1$, $a \notin F_2$ となる $a \in B$ が存在する．つまり，$F_1 \in h(a)$, $F_2 \notin h(a)$．後者から，$F_2 \in (h(a))^c = h(a') = \mathcal{T}(B) - h(a)$ となる．$h(a)$ と $h(a')$ はともに開集合で，$h(a) \cap h(a') = \emptyset$ かつ $h(a) \cup h(a') = \mathcal{T}(B)$ である．よって，ストーン位相空間 $\mathcal{T}(B)$ は完全不連結空間となる．そして，命題 4.21 の 5 から，$\mathcal{T}(B)$ は完全不連結なコンパクトハウスドルフ空間となる．

ところで，各 $a \in B$ に対して，$h(a) = h(a'') = (h(a'))^c$ なので，$\mathcal{S}(B) = \{h(a) \subseteq \mathcal{T}(B) \mid a \in B\}$ の元はすべて開閉集合である．いま，ストーン位相空間 $\mathcal{T}(B)$ において，開閉集合となる部分集合全体を $\mathcal{D}$ とすると，つまり，$\mathcal{D} := \{G \subseteq \mathcal{T}(B) \mid G$ はストーン位相空間 $\mathcal{T}(B)$ における開閉集合$\}$ とすると，$\mathcal{S}(B) \subseteq \mathcal{D}$ となる．逆に，$G \in \mathcal{D}$ とすると，G は開集合なので，$G = \bigcup_{i \in I} h(a_i)$ と書ける．そして，G は閉集合でもあるので，命題 4.22 により，I の有限部分集合 I_0 が存在し，$G = \bigcup_{i \in I_0} h(a_i)$ となる．ここで，$\bigcup_{i \in I_0} h(a_i)$ は $h(a)$ $(a \in B)$ のように書けるので，$G \in \mathcal{S}(B)$ となる．つまり，$\mathcal{D} \subseteq \mathcal{S}(B)$．以上から，$\mathcal{S}(B) = \mathcal{D}$． □

注意 5.3 一般に，位相空間 X 上の開閉集合全体を $Clop(X)$ と表記するが，それは，集合の演算 $\cup, \cap, {}^c$ に関して閉じているので，集合体 (ブール代数) である．そして，この集合体 $Clop(X)$ を**開閉ブール代数**ともいう．

上記定理 5.21 から，ブール代数 B のストーン位相空間 $\langle \mathcal{T}(B), \mathcal{O}_{\mathcal{T}(B)} \rangle$ について，そのストーン体 $\mathcal{S}(B)$ は $\mathcal{T}(B)$ 上の開閉集合全体からなる集合と一致している．つまり，$\mathcal{S}(B) = Clop(\mathcal{T}(B))$．そこで，定理 2.22(ブール代数の表現定理：集合論バージョン) は次のような位相空間論バージョンに表現し直すことができる．

定理 5.22 (ブール代数の表現定理：位相空間論バージョン) 任意のブール代数 B は，そのストーン位相空間 $\mathcal{T}(B)$ の開閉ブール代数 $Clop(\mathcal{T}(B))$ と同型である．

命題 5.23 B をブール代数とし，I を無限集合とする．また，$\mathcal{T}(B)$, h, $\mathcal{S}(B)$ をそれぞれストーン位相空間，ストーン写像，ストーン体とする．いま，$a, b \in B$ および $\{a_i\}_{i \in I}, \{b_i\}_{i \in I} \subseteq B$ とし，次の等式が成り立っているとする：

5.4. 位相を利用したブール代数の完備化

$$a = \bigvee_{i \in I} a_i, \quad b = \bigwedge_{i \in I} b_i$$

このとき，次の 2 つはともにストーン位相空間 $\mathcal{T}(B)$ における閉集合で，かつ，疎集合である：

$$h(a) - \bigcup_{i \in I} h(a_i), \quad \bigcap_{i \in I} h(b_i) - h(b)$$

なお，上の 2 つの式中の記号 $-$ は差集合の演算を表わしている．

証明 前半： $A := h(a) - \bigcup_{i \in I} h(a_i)$ とし，この A について考える．

定理 5.21 から，$h(a)$ は閉集合でもあるので，$h(a) - \bigcup_{i \in I} h(a_i)$ は閉集合である．いま，A が疎集合でないとすると，命題 4.12 の 9 から，A は，ある空でない開集合 G を部分集合として含む．定理 5.20 の証明にもあるように，ストーン位相空間 $\mathcal{T}(B)$ における開集合は，$\mathcal{S}(B)$ の元の和集合の形で表わせる．つまり，$G = \bigcup_{t \in T} h(a_t)$ となる．このとき，G は空でないので，$\varnothing \neq h(a_0) \subseteq G \subseteq A$ となる $a_0 \in B$ が存在する．$a_0 = 0$ とすると，$h(a_0) = \varnothing$ となってしまうので，$a_0 \neq 0$．そして，$h(a_0) \subseteq A \subseteq h(a)$ なので，$a_0 \leq a$ となる．

ところで，$a - a_0 = a$ とすると，$a_0 = a_0 \wedge a = a_0 \wedge (a - a_0) = a_0 \wedge a \wedge a_0' = 0$ となり，矛盾する．よって，$a - a_0 \neq a$ となる．

さて，各 $i \in I$ について，$h(a_0) \subseteq h(a) - \bigcup_{i \in I} h(a_i) \subseteq h(a) - h(a_i)$，つまり，$h(a_0) \subseteq h(a) - h(a_i)$ となる．ここで，各 $i \in I$ について，$h(a_i) \subseteq h(a)$ であることに注意すると，$h(a_i) \subseteq h(a) - h(a_0)$ となる．したがって，各 $i \in I$ について，$a_i \leq a - a_0$ となり，$a = \bigvee_{i \in I} a_i \leq a - a_0 \leq a$ となる．これから，$a - a_0 = a$ となり，矛盾が生じる．以上から，A は疎集合である．

後半： $\bigcap_{i \in I} h(b_i) - h(b)$ も閉集合となることは明らかである．また，前半と同様に，これが疎集合でないとすると，空でない開集合 $\bigcup_{t \in T} h(b_t)$ を部分集合として含む．そして，

$$\varnothing \neq h(b_0) \subseteq \bigcup_{t \in T} h(b_t) \subseteq \bigcap_{i \in I} h(b_i) - h(b)$$

となる $b_0 \in B$ が存在する．そして，$b_0 \neq 0$ である．また，各 $i \in I$ について，$h(b_0) \subseteq \bigcap_{i \in I} h(b_i) - h(b) \subseteq \bigcap_{i \in I} h(b_i) \subseteq h(b_i)$ となる．つまり，各 $i \in I$ について，$b_0 \leq b_i$ となるので，$0 \neq b_0 \leq \bigwedge_{i \in I} b_i = b$ となる．このとき，もし，$b - b_0 = b$ と仮定すると，$b_0 = b_0 \wedge b = b_0 \wedge (b - b_0) = b_0 \wedge b \wedge b_0' = 0$ となり矛盾する．よって，$b - b_0 \neq b$ となる．

ところで，任意の $i \in I$ について，$h(b_0) \subseteq \bigcap_{i \in I} h(b_i) - h(b) \subseteq h(b_i) - h(b)$ となる．また，$b = \bigwedge_{i \in I} b_i \leq b_i$ なので，$h(b) \subseteq h(b_i)$ となる．したがって，$h(b) \subseteq h(b_i) - h(b_0)$．つまり，各 $i \in I$ について，$b \leq b_i - b_0 = b_i \wedge b_0{}'$ となるので，命題 1.8 の 9 により，$b \leq \bigwedge_{i \in I}(b_i \wedge b_0{}') = \bigwedge_{i \in I} b_i \wedge b_0{}' = b - b_0 \leq b$．つまり，$b - b_0 = b$ となり，$b - b_0 \neq b$ と矛盾する．よって，$\bigcap_{i \in I} h(b_i) - h(b)$ も疎集合である． □

定義 5.10 B をブール代数とし，$\mathcal{T}(B), h, \mathcal{S}(B)$ を，それぞれ，そのストーン位相空間，ストーン写像，ストーン体 (B と同型の集合ブール代数) とする．このとき，$\mathcal{T}(B)$ の部分集合族 $\mathcal{A}, \mathcal{G}$ を次のように定義する：

1. $\mathcal{A} := \{D \subseteq \mathcal{T}(B) \mid D \text{ は } \mathcal{T}(B) \text{ において Baire の性質をもつ}\}$
2. $\mathcal{G} := \{D \in \mathcal{A} \mid D \text{ は第 1 類集合}\}$

このとき，定理 4.17 から $\mathcal{A}$ は集合体 (ブール代数) となる．最大元は $\mathcal{T}(B)$ で，最小元は $\varnothing$ である．また，$\mathcal{G}$ は $\mathcal{A}$ のイデアルとなる．そこで，$\bar{\mathcal{G}}$ を $\mathcal{A}$ における $\mathcal{G}$ の随伴 (したがって，フィルターとなる) とする．このとき，定義 5.8 に基づき，$\mathcal{A}$ の $\bar{\mathcal{G}}$ による商代数 $\mathcal{A}/\bar{\mathcal{G}}$ をつくる．つまり，任意の $C, D \in \mathcal{A}$ について，

3. $C \sim D \overset{def}{\iff} (C \to D \in \bar{\mathcal{G}} \text{ かつ } D \to C \in \bar{\mathcal{G}})$
   ただし，任意の $D_1, D_2 \in \mathcal{A}$ について，$D_1 \to D_2 := (D_1)^c \cup D_2$

4. $|C| := \{D \in \mathcal{A} \mid C \sim D\}$

5. $\mathcal{A}/\bar{\mathcal{G}} := \{|C| \mid C \in \mathcal{A}\}$

そして，$\mathcal{A}/\bar{\mathcal{G}}$ における順序 $\leq$ は，次により定義する：

6. $|C| \leq |D| \overset{def}{\iff} C \to D \in \bar{\mathcal{G}}$

よって，$|C| = |D| \iff (C \to D \in \bar{\mathcal{G}} \text{ かつ } D \to C \in \bar{\mathcal{G}}) \iff C \sim D$ となる．

なお，命題 5.15 により，この $\mathcal{A}/\bar{\mathcal{G}}$ はブール代数となる．これを，ブール代数 B の**極小拡大** (minimal extension) といい，B^* と書く．そして，この B^* を $\langle B^*, \vee_{B^*}, \wedge_{B^*}, '^{B^*}, 0_{B^*}, 1_{B^*} \rangle$ と表記すると，$0_{B^*} = |\varnothing|$，$1_{B^*} = |\mathcal{T}(B)|$ となる．ところで，ストーン位相空間 $\mathcal{T}(B)$ における開集合はみな Baire の性質をもつので，$\mathcal{A}$ に元として含まれることにも注意する．

5.4. 位相を利用したブール代数の完備化

注意 5.4 この定義に関して,$\mathcal{G}$ が実際に $\mathcal{A}$ のイデアルとなることは,次の 2 つから明らか:

1. 任意の $D_1, D_2 \in \mathcal{G}$ に対して,$D_1 \cup D_2 \in \mathcal{A}$ は,命題 4.12 の 12 から,第 1 類集合となり $D_1 \cup D_2 \in \mathcal{G}$ となる.

2. 任意の $D_1 \in \mathcal{G}$ および任意の $D_2 \in \mathcal{A}$ について,$D_2 \subseteq D_1$ ならば,同じく命題 4.12 の 13 から,$D_2 \in \mathcal{G}$ となる.

命題 5.24 B をブール代数とし,B^* をその極小拡大とする.このとき,写像 $h^* : B \longrightarrow B^*$ を次のように定義する:任意の $a \in B$ について,

$$h^*(a) = |h(a)| \in B^*$$

このとき,h^* は埋め込み写像である.

証明 写像 $h^* : B \longrightarrow B^*$ が B におけるブール代数の演算を保存することを示す.つまり,

1. $h^*(a \vee b) = h^*(a) \vee h^*(b)$
2. $h^*(a \wedge b) = h^*(a) \wedge h^*(b)$
3. $h^*(a') = (h^*(a))'$

を示す.

1 について:
$$\begin{aligned} h^*(a \vee b) &= |h(a \vee b)| \\ &= |h(a) \cup h(b)| \quad (h \text{ は埋め込み写像}) \\ &= |h(a)| \vee |h(b)| \quad (\text{命題 5.15}) \\ &= h^*(a) \vee h^*(b) \end{aligned}$$

2 と 3 について:1 と同様.

次に,写像 h^* が単射であることを示す.命題 2.18 から,任意の $a \in B$ について,$h^*(a) = 0$ ならば $a = 0$ を示せばよい.そこで,$h^*(a) = 0$ とする.このとき,命題 5.15 から,$|h(a)| = |\varnothing|$.つまり,$h(a) \sim \varnothing$ となり,$\varnothing \to h(a) \in \bar{\mathcal{G}}$ かつ $h(a) \to \varnothing \in \bar{\mathcal{G}}$ となる.この後者から,$h(a) \to \varnothing = (h(a))^c \cup \varnothing = (h(a))^c \in \bar{\mathcal{G}}$ となり,$h(a) \in \mathcal{G}$ となる.つまり,$h(a)$ は第 1 類集合である.

そして,定理 4.24 により,コンパクトハウスドルフ空間 $\mathcal{T}(B)$ の第 1 類集合は縁集合となるので,$h(a)$ は縁集合である.$h(a)$ は開集合なので,$(h(a))^\circ = h(a) = \varnothing = h(0)$ となる.写像 h は単射なので,$a = 0$ となる. □

注意 5.5 この命題 5.24 における写像 $h^* : B \longrightarrow B^*$ は埋め込み (単射準同型写像) であり, 全射ではない. したがって, 第 1 章の注意 1.13 にあるように, 任意の $\{a_i\}_{i\in I} \subseteq B$ (I は無限添字集合) について, $\bigvee_{i\in I}^{B} a_i$, $\bigwedge_{i\in I}^{B} a_i$ が存在するとき,

$$\bigvee_{i\in I}^{B^*} h^*(a_i) \leq h^*(\bigvee_{i\in I}^{B} a_i), \quad h^*(\bigwedge_{i\in I}^{B} a_i) \leq \bigwedge_{i\in I}^{B^*} h^*(a_i)$$

は常に成り立つが, これら 2 式の中の $\leq$ を $=$ で置き換えることは一般にはできない. しかし, 実は, この埋め込み h^* については, それが可能であることが, この後の定理 5.26 でわかる. そして, その鍵を握るのが次の命題 5.25 である. なお, 添字集合が有限集合のとき, 準同型写像の性質から, 上の 2 式の中の $\leq$ を $=$ で置き換え可能であることは明らかである.

次の命題は簡単な命題であるが, 商代数 $\mathcal{A}/\bar{\mathcal{G}}$ の性質をよく示すものである.

命題 5.25 B をブール代数とし, $\mathcal{A}, \mathcal{G}, \bar{\mathcal{G}}, B^* = \mathcal{A}/\bar{\mathcal{G}}$ を定義 5.10 にあるものと同じものとする. このとき, 任意の $C \in \mathcal{A}$ が疎集合のとき, $|C| = 0_{B^*}$ となる.

証明 $C \in \mathcal{A}$ が疎集合, したがって, 第 1 類集合とすると, $C \in \mathcal{G}$ となる. このとき, $C^c = C^c \cup \varnothing = C \to \varnothing \in \bar{\mathcal{G}}$. また, $(\varnothing \to C)^c = (\mathcal{T}(B) \cup C)^c = (\mathcal{T}(B))^c = \varnothing \in \mathcal{G}$ となるので, $\varnothing \to C \in \bar{\mathcal{G}}$. よって, $|C| = |\varnothing| = 0_{B^*}$. □

定理 5.26 B をブール代数とし, B^* をその極小拡大とする. そして, 写像 $h^* : B \longrightarrow B^*$ を命題 5.24 の埋め込み写像であるとする. このとき, B^* は完備ブール代数で, しかも, h^* は無限 join および無限 meet を保存する. つまり, 次の 2 つが成り立つ : 任意の $a, b \in B$ および $\{a_i\}_{i\in I}, \{b_i\}_{i\in I} \subseteq B$ (I は無限集合) に対して,

1. $a = \bigvee_{i\in I}^{B} a_i$ ならば $h^*(a) = \bigvee_{i\in I}^{B^*} h^*(a_i)$
2. $b = \bigwedge_{i\in I}^{B} b_i$ ならば $h^*(b) = \bigwedge_{i\in I}^{B^*} h^*(b_i)$

証明 まず, 任意の $|C| \in B^*$ に対して, $|C| = |D|$ となる $\mathcal{T}(B)$ の開集合 $D \in \mathcal{A}$ が存在することを示す. $C \in \mathcal{A}$ とすると, C は Baire の性質をもつので, $C - D, D - C$ がともに第 1 類集合となる開集合 $D \in \mathcal{A}$ が存在する. この

5.4. 位相を利用したブール代数の完備化

とき,$C-D, D-C \in \mathcal{G}$ となる.よって,$(C-D)^c = C^c \cup D = C \to D \in \bar{\mathcal{G}}$.同様に,$(D-C)^c = D \to C \in \bar{\mathcal{G}}$.したがって,$C \sim D$ となり,$|C| = |D|$.

以上から,任意の $|C| \in B^*$ における C は $\mathcal{T}(B)$ の開集合と考えてよい.このことを使って,B^* が完備であることを示す.そこで,$\mathcal{T}(B)$ における任意の開集合族 $\{G_i\}_{i \in I}$ (I は任意の添字集合) に対し,

(1) $\bigvee_{i \in I}^{B^*} |G_i| = |\bigcup_{i \in I} G_i|$

が成り立つことを示す.まず,$G_0 := \bigcup_{i \in I} G_i$ とおく.各 $i \in I$ について,$G_i \subseteq G_0$ なので,$G_i \to G_0 = (G_i)^c \cup G_0 = \mathcal{T}(B) \in \bar{\mathcal{G}}$ となり,$|G_i| \leq |G_0|$ となる.

次に,$|G| \in B^*$ (G は開集合) が,各 $i \in I$ に対し,$|G_i| \leq |G|$ となるとする.このとき,$|G_i - G| = |G_i \cap G^c| = |G_i| \wedge |G|' = |G_i| - |G| = 0_{B^*}$.また,$|\emptyset| = 0_{B^*}$ なので,$|G_i - G| = |\emptyset|$.よって,$(G_i - G) \sim \emptyset$ となり,$(G_i - G) \to \emptyset \in \bar{\mathcal{G}}$ となる.つまり,$(G_i - G)^c \in \bar{\mathcal{G}}$ となり,$G_i - G \in \mathcal{G}$ となる.これにより,$G_i - G$ は第 1 類集合となる.このとき,$G_i - G$ の部分集合である $G_i - G^-$ は開集合かつ第 1 類集合となる.したがって,定理 4.24 により,$G_i - G^-$ は縁集合となる.よって,$(G_i - G^-)^\circ = G_i - G^- = \emptyset$.

以上から,各 $i \in I$ に対し,$G_i \subseteq G^-$ となるので,$\bigcup_{i \in I} G_i = G_0 \subseteq G^- = G \cup (G^- - G)$ となる.ここで,$G_0 \cap G^{-c} = \emptyset$ となり,$\emptyset$ は第 1 類集合なので,$G_0 \cap G^{-c} \in \mathcal{G}$ となる.よって,$(G_0 \cap G^{-c})^c = (G_0)^c \cup G^- = G_0 \to G^- \in \bar{\mathcal{G}}$ となる.ところで,命題 4.12 の 7, 14, 15 により,$G^- - G$ と $G - G^- (= \emptyset)$ は疎集合なので第 1 類集合である.したがって,G^- は Baire の性質をもつ.よって,$G^- \in \mathcal{A}$.このとき,

(2) $|G_0| \leq |G^-| = |G \cup (G^- - G)| = |G| \vee |G^- - G|$

となる.ここで,$G^- - G \in \mathcal{A}$ は疎集合なので,命題 5.25 により,$|G^- - G| = 0_{B^*}$.これと (2) から,$|G_0| \leq |G| \vee 0_{B^*} = |G|$ となる.以上から,(1) が成り立つ.したがって,B^* が完備ブール代数であることがわかった.

次に,写像 h^* が無限 join を保存することを示す.注意 5.2 で見たように,B のストーン写像 h について,$\bigcup_{i \in I} h(a_i) \subseteq h(a)$ である.よって,

$$h(a) = (h(a) - \bigcup_{i \in I} h(a_i)) \cup \bigcup_{i \in I} h(a_i)$$

となる．ここで，$h(a) - \bigcup_{i \in I} h(a_i)$ は，命題5.23から閉集合であり，また，疎集合，つまり，第1類集合である．そこで，これを C とおくと，$C - \emptyset = C \cap \emptyset^c = C \cap \mathcal{T}(B) = C$ となり，また，$\emptyset - C = \emptyset \cap C^c = \emptyset$ となる．開集合 $\emptyset$ は疎集合なので，第1類集合である．つまり，$C = h(a) - \bigcup_{i \in I} h(a_i)$ は Baire の性質をもつので，$\mathcal{A}$ の元である．そこで，命題5.25により，$|h(a) - \bigcup_{i \in I} h(a_i)| = 0_{B^*}$ となる．したがって，上記 (1) を使うと次のようになる：

$$|h(a)| = |(h(a) - \bigcup_{i \in I} h(a_i)) \cup \bigcup_{i \in I} h(a_i)|$$
$$= |(h(a) - \bigcup_{i \in I} h(a_i))| \vee |\bigcup_{i \in I} h(a_i)|$$
$$= |\bigcup_{i \in I} h(a_i)|$$
$$= \bigvee_{i \in I}^{B^*} |h(a_i)|$$

よって，$h^*(a) = h^*(\bigvee_{i \in I}^B a_i) = |h(a)| = \bigvee_{i \in I}^{B^*} |h(a_i)| = \bigvee_{i \in I}^{B^*} h^*(a_i)$．

次に，2については，1とド・モルガンの法則による．つまり，いま，$\bigwedge_{i \in I}^B b_i$ が存在するとし，これを b とおく．このとき，命題2.3の4から，$\bigvee_{i \in I}^B b_i'$ も存在し，$\bigwedge_{i \in I}^B b_i = (\bigvee_{i \in I}^B b_i')'$ となる．したがって，

$$h^*(\bigwedge_{i \in I}^B b_i) = h^*((\bigvee_{i \in I}^B b_i')')$$
$$= (h^*(\bigvee_{i \in I}^B b_i'))' \quad (h^* \text{は埋め込み写像})$$
$$= (\bigvee_{i \in I}^{B^*} h^*(b_i'))' \quad (1 \text{より})$$
$$= (\bigvee_{i \in I}^{B^*} (h^*(b_i))')' \quad (h^* \text{は埋め込み写像})$$
$$= \bigwedge_{i \in I}^{B^*} h^*(b_i) \quad (\text{命題2.3の4より})$$

となり，$h^*(b) = h^*(\bigwedge_{i \in I}^B b_i) = \bigwedge_{i \in I}^{B^*} h^*(b_i)$．

以上から，h^* は無限 join および無限 meet を保存する． □

5.5 位相ブール代数と Rasiowa-Sikorski の埋め込み定理

本節では，位相ブール代数を定義し，それとハイティング代数との関係を明らかにし，最後に Rasiowa-Sikorski の埋め込み定理を証明する．

5.5. 位相ブール代数と Rasiowa-Sikorski の埋め込み定理

定義 5.11 ブール代数 $\mathcal{B} = \langle B, \vee, \wedge, ', 0, 1 \rangle$ 上の 1 項演算 $^\circ : B \longrightarrow B$ が次の条件 I1～I4 を満たすとき，それを B 上の**内部作用素 (開核作用素)** (interior operator) という：任意の $a, b \in B$ について，

- I1. $(a \wedge b)^\circ = a^\circ \wedge b^\circ$
- I2. $a^\circ \leq a$
- I3. $a^{\circ\circ} = a^\circ$
- I4. $1^\circ = 1$

a° を a の内部という．ブール代数 B が内部作用素 $^\circ : B \longrightarrow B$ を持つとき，$\langle \mathcal{B}, ^\circ \rangle$ や $\langle B, ^\circ \rangle$，さらには単に B を **位相ブール代数** (topological Boolean algebra, **tBa**) という．そしてこのとき，$a^\circ = a$ となる B の元 a を**開元** (open element) といい，B の開元全体を $\mathcal{O}(B)$ と記す：

$$\mathcal{O}(B) := \{a \in B \mid a^\circ = a\}$$

この $\mathcal{O}(B)$ は，通常の位相空間 X における開集合全体 $\mathcal{O}_X$ に対応するものである．なお，任意の位相ブール代数において，明らかに，$0, 1$ は開元である．また，完備な位相ブール代数は**完備位相ブール代数** (complete topological Boolean algebra, **ctBa**) という．

位相ブール代数 $\langle B, ^\circ \rangle$ を $\langle B, \vee, \wedge, ', ^\circ, 0, 1 \rangle$ のように表記したり，完備位相ブール代数を $\langle B, \vee, \wedge, ', ^\circ, \bigvee, \bigwedge, 0, 1 \rangle$ のように表記することもある．

内部作用素と対になる概念は，もちろん，閉包作用素であるが，位相ブール代数でも，それを $^-$ で表わし，$a^- := a'^{\circ\prime}$ と定義する．そして，a^- を a の閉包という．このとき，$a^\circ = a'^{-\prime}$ が成り立つ．もちろん，最初に無定義で閉包作用素 $^-$ を導入し，そのあとに $^-$ と $'$ を使って内部作用素を定義してもよい．また，$a^- = a$ となる B の元 a を**閉元** (closed element) という．開元でもあり，かつ，閉元でもある元を**開閉元** (clopen element) という．0 と 1 は開閉元である．

なお，閉包作用素を使って上記定義 5.11 を書き直すと次のようになる：

定義 5.12 ブール代数 $\mathcal{B} = \langle B, \vee, \wedge, ', 0, 1 \rangle$ 上の 1 項演算 $^- : B \longrightarrow B$ が次の条件 C1～C4 を満たすとき，それを B 上の閉包作用素という：任意の $a, b \in B$ について，

- C1. $(a \vee b)^- = a^- \vee b^-$

C2. $a \leq a^-$
C3. $a^{--} = a^-$
C4. $0^- = 0$

この定義 5.12 に基づく代数 $\mathcal{B} = \langle B, \vee, \wedge, ', ^-, 0, 1 \rangle$ は McKinsey and Tarski (1944) に由来するが，彼らは，この代数を**閉包代数** (closure algebra) と名付けた．なお，定義 5.11 に基づく代数 $\mathcal{B} = \langle B, \vee, \wedge, ', ^\circ, 0, 1 \rangle$ は**内部代数** (interior algebra) ともよばれ，様相論理体系の**S4**に対応している．Chagrov and Zakharyaschev (1997, pp.246-247) などを参照．

次に，$^\circ$ と $^-$ に関する基本的性質を記しておく．証明は簡単なので練習問題とする．

命題 5.27 位相ブール代数 $\langle B, ^\circ \rangle$ において，次が成り立つ：任意の $a, b \in B$ について，

1. $a \leq b$ のとき，$(a^\circ \leq b^\circ$ および $a^- \leq b^-)$
2. a は開元 $\iff$ a' は閉元
3. a は閉元 $\iff$ a' は開元
4. 有限個の開元の交わりは開元である
5. 有限個の開元の結びは開元である．また，無限個の開元の結びは，もしそれが $\langle B, ^\circ \rangle$ において存在すれば，開元である．
6. 有限個の閉元の交わりは閉元である．また，無限個の閉元の交わりは，もしそれが $\langle B, ^\circ \rangle$ において存在すれば，閉元である．
7. 有限個の閉元の結びは，閉元である
8. b が開元のとき，$(b \leq a \iff b \leq a^\circ)$
9. b が閉元のとき，$(a \leq b \iff a^- \leq b)$

注意 5.6 位相ブール代数 $\langle B, ^\circ \rangle$ の開元全体 $\mathcal{O}(B)$ は B の演算 $\vee, \wedge$ に関して閉じている，つまり，$\langle B, ^\circ \rangle$ の部分束となっている．$\wedge$ について閉じているのは，定義 5.11 の I1 から明らか．また，$\vee$ についても，次のようにチェックできる．つまり，$a, b \in \mathcal{O}(B)$ に対し，定義 5.11 の I2 から，$(a \vee b)^\circ \leq a \vee b$. また，上記命題 5.27 の 1 により，$a = a^\circ \leq (a \vee b)^\circ$, $b = b^\circ \leq (a \vee b)^\circ$ となり，$a \vee b \leq (a \vee b)^\circ$. よって，$(a \vee b)^\circ = a \vee b$.

同様に，位相ブール代数 $\langle B, ^\circ \rangle$ の閉元全体 $\mathcal{C}(B) := \{a \in B \mid a^- = a\}$ も $\langle B, ^\circ \rangle$ の部分束になる．ただし，$a^- := a'^\circ{}'$.

5.5. 位相ブール代数と Rasiowa-Sikorski の埋め込み定理

注意 5.7 上記命題 5.27 の 8, 9 から，開元 a° は $b \leq a$ となる開元 b の中で最大のものであり，閉元 a^- は $a \leq b$ となる閉元 b の中で最小のものであることがわかる．

定義 5.13 $\langle B, \circ \rangle$ を位相ブール代数とする．任意の空でない $A \subseteq \mathcal{O}(B)$ が，次の条件を満たすとき，それを $\langle B, \circ \rangle$ の基底という：

> $\langle B, \circ \rangle$ の任意の開元は，A の (有限個，あるいは，無限個の) 元の結び (join) として表わせる

また，任意の空でない $A_0 \subseteq \mathcal{O}(B)$ が，次の条件を満たすとき，それを $\langle B, \circ \rangle$ の準基底という：

> A_0 の有限個の元の交わり (meet) 全体に 0_B と 1_B を加えたものが $\langle B, \circ \rangle$ の基底になる

したがって，準基底 $A_0 \subseteq \mathcal{O}(B)$ が $0, 1$ を元として含み，任意の $a, b \in A_0$ について $a \wedge b \in A_0$ という条件を満たしていれば，A_0 は基底となる．

注意 5.8 $\langle B, \circ \rangle$ を完備位相ブール代数とし，$A \subseteq B$ を $\langle B, \circ \rangle$ の基底とする．このとき，基底の定義から，任意の $a \in B$ について，$a^\circ = \bigvee \{b \in A \mid b \leq a^\circ\}$ と表現できるが，さらに，上記命題 5.27 の 8 から，$a^\circ = \bigvee \{b \in A \mid b \leq a\}$ とも表現できる．

命題 5.28 B を完備ブール代数とし，A を B の空でない部分集合とする．このとき，A を準基底とする完備位相ブール代数 $\langle B, \circ \rangle$ が存在し，その内部作用素 $\circ$ は一意に存在する．

証明 A を完備ブール代数 B の空でない部分集合とする．このとき，まず，A を準基底とする完備位相ブール代数 $\langle B, \circ \rangle$ が存在することを示す．

有限個の A の元の交わり全体に $0, 1$ を加えた集合を A_1 とおく．つまり，

$$A_1 := \{a_1 \wedge \cdots \wedge a_n \mid a_1, \cdots, a_n \in A\} \cup \{0, 1\}$$

このとき，任意の $a, b \in A_1$ について，$a \wedge b \in A_1$ であることは，明らかである．さて次に，任意の $a \in B$ に対し，a° を次のように定義する：

$$a^\circ := \bigvee \{b \in A_1 \mid b \leq a\}$$

この $\circ$ は内部作用素の 4 条件 I1〜I4 を満たすことを次に示す．$a, b \in B$ とする．

I1： $(a \wedge b)^\circ = \bigvee \{c \in A_1 \mid c \leq a \wedge b\}$

$\qquad = \bigvee \{c \in A_1 \mid c \leq a \text{ かつ } c \leq b\}$

$\qquad = \bigvee(\{c \in A_1 \mid c \leq a\} \cap \{c \in A_1 \mid c \leq b\})$

$\qquad \leq \bigvee \{c \in A_1 \mid c \leq a\} \wedge \bigvee \{c \in A_1 \mid c \leq b\} = a^\circ \wedge b^\circ$

逆に，

$a^\circ \wedge b^\circ = \bigvee \{c \in A_1 \mid c \leq a\} \wedge \bigvee \{d \in A_1 \mid d \leq b\}$

$\qquad = \bigvee \{d \wedge \bigvee \{c \in A_1 \mid c \leq a\} \mid d \in A_1, d \leq b\}$

$\qquad = \bigvee \{c \wedge d \in A_1 \mid c, d \in A_1, c \leq a, d \leq b\}$
$\qquad\quad (\because\ c, d \in A_1 \Longrightarrow c \wedge d \in A_1)$

$\qquad \leq \bigvee \{c \wedge d \in A_1 \mid c \wedge d \leq a \wedge b\} = (a \wedge b)^\circ$

I2： $a^\circ = \bigvee \{b \in A_1 \mid b \leq a\} \leq a$ は明らか．

I3： $a^{\circ\circ} = a^\circ$ については，$a^\circ \leq a^{\circ\circ}$ のみ示せば十分．つまり，

(1) $\quad \{b \in A_1 \mid b \leq a\} \subseteq \{b \in A_1 \mid b \leq \bigvee \{c \in A_1 \mid c \leq a\}\}$

を示せばよい．任意の $b \in \{b \in A_1 \mid b \leq a\}$ をとると，$b \in A_1$ で $b \leq a$ となる．このとき，$b \leq \bigvee \{c \in A_1 \mid c \leq a\}$ は明らか．よって，(1) が成り立つので，

$a^\circ = \bigvee \{b \in A_1 \mid b \leq a\} \leq \bigvee \{b \in A_1 \mid b \leq \bigvee \{c \in A_1 \mid c \leq a\}\} = a^{\circ\circ}$

となる．

I4： $1^\circ = \bigvee \{b \in A_1 \mid b \leq 1\} = 1$

以上から，$\langle B, \circ \rangle$ は完備位相ブール代数である．さて，上で定義した内部作用素 $\circ$ が一意に存在することを次に示す．いま，$\circ_1$ を，B 上の任意の内部作用素とし，上記の $A \subseteq B$ が完備位相ブール代数 $\langle B, \circ_1 \rangle$ の準基底であるとする．このとき，上で定義した集合 A_1 が $\langle B, \circ_1 \rangle$ の基底となり，A_1 の元はみな開元となる．ところで，この完備位相ブール代数 $\langle B, \circ_1 \rangle$ の任意の元 b について，b°_1} は

5.5. 位相ブール代数と Rasiowa-Sikorski の埋め込み定理

$$b^{\circ_1} = \bigvee\{a \in A_1 \mid a \leq b^{\circ_1}\}$$

と表わせるが，この等式の右辺は，注意 5.8 から，

$$\bigvee\{a \in A_1 \mid a \leq b\}$$

と同じものである．これは，$\circ_1$ が，上で定義した内部作用素 $\circ$ と同じものであることを示している．したがって，$A \subseteq B$ を準基底とする完備位相ブール代数 $\langle B, \circ \rangle$ の内部作用素 $\circ$ は一意に存在する． □

命題 5.29 B を完備ブール代数とし，A を B の部分ブール代数とする．このとき，A における任意の内部作用素 $\circ_A$ を，B における内部作用素 $\circ_B$ に拡大し，位相ブール代数 $\langle A, \circ_A \rangle$ の開元全体 $\mathcal{O}(A)$ が完備位相ブール代数 $\langle \mathcal{B}, \circ_B \rangle$ の基底となるようにすることができる．

証明 B を完備ブール代数とし，$A \subseteq B$ をその部分ブール代数とする．そして，$\circ_A$ を A の任意の内部作用素とする．このとき，上記命題 5.28 により，$\mathcal{O}(A) \subseteq B$ を準基底とする完備位相ブール代数 $\langle B, \circ_B \rangle$ が存在する．そして，$\mathcal{O}(A)$ は B の最大元 1 および最小元 0 を元として含み，任意の $a, b \in \mathcal{O}(A)$ について $a \wedge b \in \mathcal{O}(A)$ となるので，$\mathcal{O}(A)$ は完備位相ブール代数 $\langle B, \circ_B \rangle$ の基底である．

次に，$\circ_B$ が $\circ_A$ の拡大であることを示す．つまり，任意の $a \in A$ について，$a^{\circ_B} = a^{\circ_A}$ であることを示す．ところで，注意 5.7 から，a°_A} は，$b \leq a$ となる $b \in \mathcal{O}(A)$ の最大元である．また，注意 5.8 にあるように，a°_B} は，$b \leq a$ となる $b \in \mathcal{O}(A)$ の上限である．よって，両者は一致する．つまり，$a^{\circ_B} = a^{\circ_A}$． □

定義 5.14 A および B を位相ブール代数とする．写像 $h : A \longrightarrow B$ が次の条件を満たすとする：任意の $a, b \in A$ について，

1. $h(a \vee_A b) = h(a) \vee_B h(b)$, $\quad h(a \wedge_A b) = h(a) \wedge_B h(b)$
2. $h(a'^A) = (h(a))'^B$, $\quad h(a \rightarrow_A b) = h(a) \rightarrow_B h(b)$
3. $h(a^{\circ_A}) = (h(a))^{\circ_B}$

このとき，h を**位相準同型写像** (topological homomorphism) という．h は 5 つの演算 $\vee, \wedge, ', \rightarrow, \circ$ の全てを保存する必要はない．たとえば，$\vee, ', \circ$ の 3 つを保存すればよい．また，h が単射のとき，位相単射準同型写像を**位相埋め**

込み (写像)(topological embedding) といい，全単射のときは，**位相同型 (写像)**(topological isomorphism) という．h が位相埋め込みのとき，$h : A \hookrightarrow B$ あるいは $h : \langle A, °_A \rangle \hookrightarrow \langle B, °_B \rangle$ のように表記したりする．

定理 5.30 B を任意の位相ブール代数 $\langle B, °_B \rangle$ とする．このとき，完備位相ブール代数 $\langle B^*, °_{B^*} \rangle$ および位相埋め込み $h : \langle B, °_B \rangle \hookrightarrow \langle B^*, °_{B^*} \rangle$ が存在する．そして，この h は B において存在するすべての無限 join および無限 meet を保存し，集合 $\{h(a) \mid a$ は B における開元$\}$ は $\langle B^*, °_{B^*} \rangle$ の基底となる．

証明 B を任意の位相ブール代数 $\langle B, °_B \rangle$ とする．このとき，B^* を B の極小拡大とし，$h : B \longrightarrow B^*$ を命題 5.24 における埋め込み写像とする．このとき，定理 5.26 により，B^* は完備ブール代数であり，h は B において存在する全ての無限 join および無限 meet を保存する．いま，

$$B_0 := h(B) = \{h(a) \mid a \in B\}$$

とおくと，この B_0 は B^* の部分ブール代数となる．そして，この埋め込み h を使い，B における内部作用素 $°_B$ は，次の定義により，B_0 における内部作用素 $°_{B_0}$ になる：任意の $a \in B$ について，

$$(h(a))^{°_{B_0}} := h(a^{°_B})$$

実際，B_0 上のこの演算 $°_{B_0}$ が内部作用素の定義 5.11 の I1〜I4 を満たしていることを以下でチェックする．h が埋め込みであることと，$°_B$ の性質，そして，上の $°_{B_0}$ の定義により，以下が成り立つ：任意の $a, b \in B$ に対して，

I1 : $(h(a) \land h(b))^{°_{B_0}} = (h(a \land b))^{°_{B_0}}$

$\qquad\qquad\qquad = h((a \land b)^{°_B})$

$\qquad\qquad\qquad = h(a^{°_B} \land b^{°_B})$

$\qquad\qquad\qquad = h(a^{°_B}) \land h(b^{°_B})$

$\qquad\qquad\qquad = (h(a))^{°_{B_0}} \land (h(b))^{°_{B_0}}$

I2 : $a^{°_B} \leq a$ なので，$h(a^{°_B}) \leq h(a)$．つまり，$(h(a))^{°_{B_0}} \leq h(a)$．

I3 : $(h(a))^{°_{B_0} °_{B_0}} = (h(a^{°_B}))^{°_{B_0}} = h(a^{°_B °_B}) = h(a^{°_B}) = (h(a))^{°_{B_0}}$

I4 : $h(1_B) = 1_{B^*} = 1_{B_0}$ なので，

5.5. 位相ブール代数と Rasiowa-Sikorski の埋め込み定理

$$(1_{B_0})^{\circ_{B_0}} = (h(1_B))^{\circ_{B_0}} = h((1_B)^{\circ_B}) = h(1_B) = 1_{B_0}$$

以上から，演算 $\circ_{B_0}$ が B_0 上の内部作用素であり，$\langle B_0, \circ_{B_0} \rangle$ が位相ブール代数であることがわかった．

さて，任意の $a \in B$ について，$a^{\circ_B} = a$ とすると，つまり，$a \in B$ が B の開元のとき，$(h(a))^{\circ_{B_0}} = h(a^{\circ_B}) = h(a)$ となる．つまり，$h(a)$ は B_0 における開元となる．また，逆に，$(h(a))^{\circ_{B_0}} = h(a^{\circ_B}) = h(a)$ ならば，h は単射なので，$a^{\circ_B} = a$ となる．つまり，任意の $a \in B$ について，$a^{\circ_B} = a \iff (h(a))^{\circ_{B_0}} = h(a)$ となる．したがって，B_0 における開元全体 $\mathcal{O}(B_0)$ は

$$\mathcal{O}(B_0) = \{h(a) \mid a \text{ は } B \text{ における開元}\}$$

のように表現できる．このとき，命題 5.29 から，B_0 の内部作用素 $\circ_{B_0}$ を B^* における内部作用素 $\circ_{B^*}$ に拡大し，B_0 の開元全体 $\mathcal{O}(B_0)$ が完備位相ブール代数 $\langle B^*, \circ_{B^*} \rangle$ の基底になるようにできる．そしてこのとき，$\circ_{B_0}$ の定義から，任意の $a \in B$ について，$h(a^{\circ_B}) = (h(a))^{\circ_{B_0}} = (h(a))^{\circ_{B^*}}$ となるので，埋め込み h は $\langle B, \circ_B \rangle$ から $\langle B^*, \circ_{B^*} \rangle$ への位相埋め込みとなる． □

次に，任意の位相ブール代数 $\langle B, \circ \rangle$ について，その開元全体 $\mathcal{O}(B)$ がハイティング代数になるという重要な性質を証明する．

命題 5.31 $\langle B, \circ_B \rangle = \langle B, \vee_B, \wedge_B, \to_B, {'}^B, \circ_B, 0_B, 1_B \rangle$ を任意の位相ブール代数とする．このとき，$\langle B, \circ_B \rangle$ の開元全体 $\mathcal{O}(B)$ はハイティング代数となる．簡単のため，$A := \mathcal{O}(B) \subseteq B$ とおくとき，このハイティング代数 $\langle A, \vee_A, \wedge_A, \to_A, \neg_A, 0_A, 1_A \rangle$ では，次が成り立つ：任意の $a, b \in A$ について，

1. $a \to_A b = (a \to_B b)^{\circ_B}$
2. $\neg_A a = (a'^B)^{\circ_B}$

証明 まず，A は $\langle B, \circ_B \rangle$ の部分束であり，$\vee_A$ と $\vee_B$，そして，$\wedge_A$ と $\wedge_B$ とは同じものである．したがって，A における順序 $\leq_A$ も B における順序 $\leq_B$ と同じものである．また，$0_A = 0_B$ かつ $1_A = 1_B$ である．そこで，以下では，記号 $\vee, \wedge, \leq, 0, 1$ には，A や B の添字は付加しない．そして，${'}$ や $\circ$ は，それぞれ ${'}^B$, $\circ_B$ の意味でのみ使う．

次に，A において，a の b に対する相対擬補元 $a \to_A b$ が存在し，それが $(a \to_B b)^\circ$ に等しいことを示す．命題 2.2 の 5 から，任意の $a, b, c \in A$ について，
$$a \wedge c \leq b \iff c \leq a' \vee b \iff c \leq a \to_B b \iff c = c^\circ \leq (a \to_B b)^\circ$$
となるので，$a \to_A b = (a \to_B b)^\circ$．次に，$\neg_A a$ については，
$$\neg_A a := a \to_A 0 = (a \to_B 0)^\circ = a'^\circ$$
となる． □

次に，位相ブール代数を使った，ハイティング代数の表現定理を証明する．

定理 5.32 (ハイティング代数の表現定理) 任意のハイティング代数 H に対し，位相ブール代数 $\langle B, \circ \rangle$ が存在し，$H \cong \mathcal{O}(B) \subseteq B$ となる．

証明 H をハイティング代数とし，そのストーン空間 X やストーン写像 $h : H \longrightarrow \mathcal{P}(X)$ を定義する．つまり，

1. $X := \{F \subseteq H \mid F \text{ は } H \text{ の素フィルター}\}$
2. $h : H \longrightarrow \mathcal{P}(X); \quad a \mapsto \{F \in X \mid a \in F\}$

このとき，分配束の表現定理 (定理 5.19) の証明および注意 5.2 からわかるように h は埋め込み写像で，次が成り立つ：任意の $a, b, c \in H$ について，

(1) $h(a \vee b) = h(a) \cup h(b)$
(2) $h(a \wedge b) = h(a) \cap h(b)$
(3) $a \leq b \iff h(a) \subseteq h(b)$

そして，さらに次も成り立つ：

(4) $h(0) = \varnothing, \quad h(1) = X$
(5) $h(a) \cap h(c) \subseteq h(b) \iff h(c) \subseteq h(a \to b)$
(6) $h(a \to b) \subseteq (X - h(a)) \cup h(b)$

(4) について：任意の $F \in X$ について，$0 \notin F$ なので，$F \notin h(0)$．よって，$h(0) = \varnothing$．また，任意の $F \in X$ に対して，$1 \in F$ であり，$F \in h(1)$ となる．すなわち，$h(1) = X$．

(5) について：上記の h の性質 (2) と (3) や $\to$ の性質を使うと，

5.5. 位相ブール代数と Rasiowa-Sikorski の埋め込み定理

$$h(c) \subseteq h(a \to b) \iff c \leq a \to b \iff a \wedge c \leq b \iff h(a) \cap h(c) \subseteq h(b)$$

(6) について： $h(a) \cap h(a \to b) = h(a \wedge (a \to b)) \subseteq h(b)$ より，

$$\begin{aligned} h(a \to b) &= ((X - h(a)) \cup h(a)) \cap h(a \to b) \\ &\subseteq (X - h(a)) \cup (h(a) \cap h(a \to b)) \\ &\subseteq (X - h(a)) \cup h(b) \end{aligned}$$

さて，ここで，$A := h(H) = \{h(a) \mid a \in H\}$ において，演算等を次のように定義する：

3. $h(a) \vee_A h(b) := h(a) \cup h(b)$
4. $h(a) \wedge_A h(b) := h(a) \cap h(b)$
5. $h(a) \to_A h(b) := h(a \to b)$
6. $0_A := \emptyset, \quad 1_A := X$

この定義により，$\langle A, \vee_A, \wedge_A, \to_A, 0_A, 1_A \rangle$ はハイティング代数になっている．特に，$h(a)$ の $h(b)$ に対する相対擬補元の定義 $h(a) \to_A h(b) := h(a \to b)$ は，上記の h の性質 (5) に基づいている．

したがって，命題 5.6 により，単射 h が演算 $\vee, \wedge, \to$ を保存し，さらに，$h(0) = 0_A$ なので，写像 $h : H \longrightarrow A = h(H)$ は同型写像である．つまり，$H \cong A = h(H)$．

次に，完備ブール代数 $\mathcal{P}(X)$ の部分束である A を使い，位相ブール代数を定義する．まず，$B := [A]_{\mathcal{P}(X)}$ を，A により生成された $\mathcal{P}(X)$ の部分ブール代数とする．このとき，$A \subseteq B \subseteq \mathcal{P}(X)$ であり，また，$A, B, \mathcal{P}(X)$ における最小元と最大元は同じものである．つまり，最小元は $\emptyset$ で，最大元は X である．さて，命題 2.5 の 3 により，B は次のように表現される：

$$B = \{(a_1 \to_B b_1) \cap \cdots \cap (a_n \to_B b_n) \mid a_1, b_1, \cdots, a_n, b_n \in A\}$$

ここで，$a \to_B b$ の形の元は，$a \to_B b := a' \cup b$ で定義されるものであり，a' の $'$ は $\mathcal{P}(X)$ における補集合の演算である．つまり，$a' := a^c = X - a$．また，B の元 $(a_1 \to_B b_1) \cap \cdots \cap (a_n \to_B b_n)$ を $\bigcap_{i=1}^{n}(a_i \to_B b_i)$ のように表現する．

さてここで，B の上の内部作用素 $\circ$ を定義するために必要な補題を証明する．

補題 B の任意の元 $a = \bigcap_{i=1}^{m}(a_i \to_B b_i)$ および $c = \bigcap_{j=1}^{n}(c_j \to_B d_j)$ (ただし, $a_i, b_i, c_j, d_j \in A$) に対し, $a = c$ ならば次の等式が成り立つ.

$$\bigcap_{i=1}^{m}(a_i \to_A b_i) = \bigcap_{j=1}^{n}(c_j \to_A d_j)$$

補題の証明 h の上記性質 (6) により, $a_i \to_A b_i \leq a_i \to_B b_i$ であるから, 各 $j\,(1 \leq j \leq n)$ について,

$$\bigcap_{i=1}^{m}(a_i \to_A b_i) \leq \bigcap_{i=1}^{m}(a_i \to_B b_i) = \bigcap_{j=1}^{n}(c_j \to_B d_j) \leq c_j \to_B d_j$$

となる. したがって, 各 $j\,(1 \leq j \leq n)$ について,

$$\bigcap_{i=1}^{m}(a_i \to_A b_i) \leq c_j \to_B d_j \implies \bigcap_{i=1}^{m}(a_i \to_A b_i) \wedge c_j \leq d_j$$
$$\implies \bigcap_{i=1}^{m}(a_i \to_A b_i) \leq c_j \to_A d_j$$

よって, $\bigcap_{i=1}^{m}(a_i \to_A b_i) \leq \bigcap_{j=1}^{n}(c_j \to_A d_j)$ となる. $\geq$ についても同様に成り立つ. 補題-□

補題により, B の任意の元 $a = \bigcap_{i=1}^{m}(a_i \to_B b_i)$ $(a_1, b_1, \cdots, a_m, b_m \in A)$ に対し, $\bigcap_{i=1}^{m}(a_i \to_A b_i) \in A$ が一意に決まるので, これを a° と定義する:

$$a^\circ := \bigcap_{i=1}^{m}(a_i \to_A b_i)$$

このとき, 任意の $a, c \in B$ について,

$$a = \bigcap_{i=1}^{m}(a_i \to_B b_i), \quad c = \bigcap_{j=1}^{n}(c_j \to_B d_j)$$

とすると (各 i, j について, $a_i, b_i, c_j, d_j \in A$),

I1. $(a \cap c)^\circ = (\bigcap_{i=1}^{m}(a_i \to_B b_i) \cap \bigcap_{j=1}^{n}(c_j \to_B d_j))^\circ$
$= \bigcap_{i=1}^{m}(a_i \to_A b_i) \cap \bigcap_{j=1}^{n}(c_j \to_A d_j)$
$= a^\circ \cap c^\circ$

I2. $a^\circ = (1 \to_B a)^\circ = 1 \to_A a \leq 1 \to_B a = a$

I3. $a^\circ \in A$ より $a^{\circ\circ} = 1 \to_A a^\circ = a^\circ$

I4. $1 = 0 \to_B 1$ より $1^\circ = 0 \to_A 1 = 1$

となり, $\langle B, \circ \rangle$ が位相ブール代数であることがわかる.

最後に $\mathcal{O}(B) = A$ を証明する. $a \in \mathcal{O}(B)$ に対し, $a = a^\circ \in A$ となる. 逆に, $a \in A$ ならば, $a = 1 \to_A a = (1 \to_B a)^\circ = a^\circ$ となり, $a \in \mathcal{O}(B)$. よって, $\mathcal{O}(B) = A$.

5.5. 位相ブール代数と Rasiowa-Sikorski の埋め込み定理

以上から，任意のハイティング代数 H に対し，位相ブール代数 $\langle B, {}^\circ \rangle$ が存在し，$H \cong \mathcal{O}(B) \subseteq B$ となる． □

注意 5.9 命題 1.19 により，この定理 5.32 のハイティング代数 H において存在するすべての (有限あるいは無限の) 結びと交わりが $\mathcal{O}(B)$ において保存されている．

定理 5.33 B と B^* を位相ブール代数とし，$h : B \longrightarrow B^*$ を位相準同型写像とする．h を B の開元全体 $\mathcal{O}(B)$ に制限した写像 $h{\upharpoonright}\mathcal{O}(B)$ はハイティング代数 $\mathcal{O}(B)$ からハイティング代数 $\mathcal{O}(B^*)$ への準同型写像である．

そして，$h : B \longrightarrow B^*$ が位相埋め込みのとき，$h{\upharpoonright}\mathcal{O}(B)$ は $\mathcal{O}(B)$ から $\mathcal{O}(B^*)$ への埋め込みとなる．

証明 $h : B \longrightarrow B^*$ が位相準同型写像のとき，任意の $a \in \mathcal{O}(B)$ について，$a = a^{\circ_B}$ なので，$h(a) = h(a^{\circ_B}) = (h(a))^{\circ_{B^*}}$ となり，$h(a) \in \mathcal{O}(B^*)$ となる．つまり，h により，B の開元は B^* の開元に移るので，h を $\mathcal{O}(B)$ に制限した写像は $h{\upharpoonright}\mathcal{O}(B) : \mathcal{O}(B) \longrightarrow \mathcal{O}(B^*)$ のように表現できる．以下，表記を簡単にするため，$A := \mathcal{O}(B)$ および $A^* := \mathcal{O}(B^*)$ とおき，$g := h{\upharpoonright}A = h{\upharpoonright}\mathcal{O}(B)$ とおく．

さて次に，写像 g がハイティング代数 A における演算 $\vee_A, \wedge_A, \to_A, \neg_A$ を保存することを示す．任意の $a, b \in A$ について (このとき，$a \vee b, a \wedge b \in A$ となる)，

1. $g(a \vee_A b) = h(a \vee_A b) = h(a) \vee_{A^*} h(b) = g(a) \vee_{A^*} g(b)$

2. $g(a \vee_A b)$ については，1 と同様．

3. $g(a \to_A b) = g((a \to_B b)^{\circ_B})$ (命題 5.31 の 1 より)
   $= h((a \to_B b)^{\circ_B})$ ($(a \to_B b)^{\circ_B}$ は B における開元)
   $= (h(a \to_B b))^{\circ_{B^*}}$ (h の性質より)
   $= (h(a) \to_{B^*} h(b))^{\circ_{B^*}}$ (h の性質より)
   $= h(a) \to_{A^*} h(b)$ (命題 5.31 の 1, $h(a), h(b) \in A^*$)
   $= g(a) \to_{A^*} g(b)$ ($a, b \in A$ より)

4. $g(\neg_A a) = g((a'^B)^{\circ_B})$ (命題 5.31 の 2 より)

$$= h((a'^B)^{\circ B}) \qquad ((a'^B)^{\circ B} \text{は } B \text{における開元})$$
$$= (h(a'^B))^{\circ B^*} \qquad (h \text{の性質より})$$
$$= ((h(a))'^{B^*})^{\circ B^*} \qquad (h \text{の性質より})$$
$$= \neg_{A^*} h(a) \qquad (\text{命題 } 5.31 \text{ の } 2, h(a) \in A^* \text{より})$$
$$= \neg_{A^*} g(a) \qquad (a \in A \text{より})$$

よって,$g = h{\restriction}\mathcal{O}(B)$ は準同型写像である.なお,$h: B \longrightarrow B^*$ が位相埋め込みのとき,h は単射なので,g が $\mathcal{O}(B)$ から $\mathcal{O}(B^*)$ への単射準同型,つまり,埋め込みになるのは明らか. □

命題 5.34 B を位相ブール代数とし,$A := \mathcal{O}(B) \subseteq B$ とおく.このとき,任意の $\{a_i\}_{i \in I} \subseteq A$ に対して,次が成り立つ:

1. $\bigvee_{i \in I}^A a_i$ が存在するとき,$\bigvee_{i \in I}^B a_i$ も存在し,$\bigvee_{i \in I}^B a_i = \bigvee_{i \in I}^A a_i$ となる
2. $\bigvee_{i \in I}^B a_i$ が存在するとき,$\bigvee_{i \in I}^A a_i$ も存在し,$\bigvee_{i \in I}^A a_i = \bigvee_{i \in I}^B a_i$ となる
3. $\bigwedge_{i \in I}^B a_i$ が存在するとき,$\bigwedge_{i \in I}^A a_i$ も存在し,$\bigwedge_{i \in I}^A a_i = (\bigwedge_{i \in I}^B a_i)^{\circ}$ となる

証明 1:$\bigvee_{i \in I}^A a_i$ が存在するとし,これを a とおく.このとき,各 $i \in I$ について,$a_i \in B$ でもあり,$a \in B$ でもある.したがって,B において,$a_i \leq a$ である.つまり,a は各 a_i の B における上界の 1 つである.

いま,$b \in B$ を各 $a_i \in B$ の B における任意の上界とする.つまり,$a_i \leq b$ とする.このとき,$a_i = a_i^{\circ} \leq b^{\circ} \in A$ となるので,$a = \bigvee_{i \in I}^A a_i \leq b^{\circ} \leq b$ となる.したがって,a は $\{a_i\}_{i \in I}$ の B における最小上界であることがわかった.つまり,$\bigvee_{i \in I}^B a_i = a$.

2:$\bigvee_{i \in I}^B a_i$ が存在するとする.このとき,任意個の開元の結びは開元なので,$\bigvee_{i \in I}^B a_i \in A$ となる.このとき,A は B の部分束なので,第 1 章の注意 1.9 の 2 で示したように,$\bigvee_{i \in I}^A a_i = \bigvee_{i \in I}^B a_i$ となる.

3:$\bigwedge_{i \in I}^B a_i$ が存在するとし,これを a とおく.このとき,各 $i \in I$ について,$a \leq a_i$ となり,$A \ni a^{\circ} \leq a_i^{\circ} = a_i$ となる.つまり,a° は A における $\{a_i\}_{i \in I}$ の下界の 1 つである.次に,A における $\{a_i\}_{i \in I}$ の任意の下界 $b \in A$ をとる.このとき,B において,$b \leq a_i$ が各 $i \in I$ について成り立つ.よって,

5.5. 位相ブール代数と Rasiowa-Sikorski の埋め込み定理

$b \leq \bigwedge_{i \in I}^{B} a_i = a$ となり，$b = b^\circ \leq a^\circ \in A$ となる．以上から，a° が $\{a_i\}_{i \in I}$ の A における最大下界であることがわかった．つまり，$\bigwedge_{i \in I}^{A} a_i = (\bigwedge_{i \in I}^{B} a_i)^\circ$． □

系 5.35 B が完備位相ブール代数のとき，B の開元全体 $\mathcal{O}(B)$ は完備ハイティング代数である．そして，$A := \mathcal{O}(B)$ とおくとき，任意の $\{a_i\}_{i \in I} \subseteq A$ について，次が成り立つ：

$$\bigvee_{i \in I}^{A} a_i = \bigvee_{i \in I}^{B} a_i, \quad \bigwedge_{i \in I}^{A} a_i = (\bigwedge_{i \in I}^{B} a_i)^\circ$$

証明 B を完備位相ブール代数とし，$A := \mathcal{O}(B)$ とおく．このとき，任意の $\{a_i\}_{i \in I} \subseteq A$ に対し，$\bigvee_{i \in I}^{B} a_i$ および $\bigwedge_{i \in I}^{B} a_i$ が存在する．よって，命題 5.34 により，$\bigvee_{i \in I}^{A} a_i$ および $\bigwedge_{i \in I}^{A} a_i$ も存在し，$\bigvee_{i \in I}^{A} a_i = \bigvee_{i \in I}^{B} a_i$ および $\bigwedge_{i \in I}^{A} a_i = (\bigwedge_{i \in I}^{B} a_i)^\circ$ が成り立つ． □

本節，そして，本章最後に Rasiowa-Sikorski の埋め込み定理を証明する．

定理 5.36 (Rasiowa-Sikorski の埋め込み定理) H を任意のハイティング代数とする．このとき，完備ハイティング代数 H^* が存在し，H から H^* への埋め込み写像 $h : H \hookrightarrow H^*$ が存在する．そして，この h は，H において存在するすべての無限 join と無限 meet を保存する．

証明 H を任意のハイティング代数とする．このとき，定理 5.32 により，位相ブール代数 $\langle B, \circ \rangle$ が存在し，$H \cong \mathcal{O}(B)$ となる．そして，注意 5.9 にあるように，H において存在するすべての (有限あるいは無限の) 結びと交わりが $\mathcal{O}(B)$ において保存されている．そこで今後，H と $\mathcal{O}(B)$ は同じものとみなす．さらに，定理 5.30 により，完備位相ブール代数 $\langle B^*, \circ_{B^*} \rangle$ が存在し，位相埋め込み $h : B \hookrightarrow B^*$ が存在する．

この位相埋め込み h は，B において存在するすべての無限 join と無限 meet を保存するとともに，集合 $\{h(a) \mid a \in \mathcal{O}(B)\}$ は $\langle B^*, \circ_{B^*} \rangle$ の基底となる．そして，$H^* := \mathcal{O}(B^*)$ とおくと，系 5.35 により，ハイティング代数 H^* は完備ハイティング代数となる．また，定理 5.33 により，写像 $h \restriction \mathcal{O}(B) : \mathcal{O}(B) \longrightarrow \mathcal{O}(B^*)$，つまり，$h \restriction H : H \longrightarrow H^*$ はハイティング代数 H から完備ハイティング代数 H^* への埋め込み写像となる．

次に，この埋め込み $h\upharpoonright H$ が H において存在するすべての無限 join と無限 meet を保存することを示す．すなわち，任意の $\{a_i\}_{i\in I} \subseteq H = \mathcal{O}(B)$ について (I は無限添字集合)，次の 2 つが成り立つ：

1. $a = \bigvee_{i\in I}^H a_i$ のとき，$h(a) = \bigvee_{i\in I}^{H^*} h(a_i)$
2. $a = \bigwedge_{i\in I}^H a_i$ のとき，$h(a) = \bigwedge_{i\in I}^{H^*} h(a_i)$

1 について：任意の $\{a_i\}_{i\in I} \subseteq H = \mathcal{O}(B)$ について，$a = \bigvee_{i\in I}^H a_i$ とすると，命題 5.34 の 1 により，$a = \bigvee_{i\in I}^B a_i$ となる．h は B における無限 join を保存するので，$h(a) = \bigvee_{i\in I}^{B^*} h(a_i)$．よって，同じく命題 5.34 の 2 により，$h(a) = \bigvee_{i\in I}^{B^*} h(a_i) = \bigvee_{i\in I}^{H^*} h(a_i)$．

2 について：$a = \bigwedge_{i\in I}^H a_i$ とする．各 $i \in I$ について，$a \leq a_i$ が H の中で成り立つので，$h(a) \leq h(a_i)$ が H^* の中で成り立つ．よって，$h(a) \leq \bigwedge_{i\in I}^{H^*} h(a_i)$ となる．

さて，$b := \bigwedge_{i\in I}^{H^*} h(a_i)$ とおくと，$b \in H^* = \mathcal{O}(B^*)$ は B^* の開元である．そして，集合 $\{h(a) \mid a \in \mathcal{O}(B) = H\}$ が $\langle B^*, \circ_{B^*}\rangle$ の基底なので，$b = \bigvee_{s \in S}^{B^*} h(b_s)$ と表現できる (ただし，各 $b_s \in H$)．このとき，各 $s \in S$ および 各 $i \in I$ について，$h(b_s) \leq \bigvee_{s\in S}^{B^*} h(b_s) = b = \bigwedge_{i\in I}^{H^*} h(a_i) \leq h(a_i)$ となる．h は単射なので，$b_s \leq a_i$．よって，各 $s \in S$ について，$b_s \leq \bigwedge_{i\in I}^H a_i = a$ となり，$h(b_s) \leq h(a)$ となる．したがって，$b = \bigvee_{s\in S}^{B^*} h(b_s) \leq h(a)$ となる．

以上から，$h(a) = \bigwedge_{i\in I}^{H^*} h(a_i)$ となる． □

この Rasiowa-Sikorski の埋め込み定理の証明で使われたハイティング代数や完備ハイティング代数などを図示すれば，下記のようになる．図の左下の H が当初与えられたハイティング代数で，右下の $\mathcal{O}(B^*)$ が目的となる完備ハイティング代数で，H が埋め込まれている．そして，この埋め込みでは，H において存在するすべての無限 join と無限 meet が保存されている．

	tBa	h	**ctBa**
	$\langle B, \circ\rangle$	$\longhookrightarrow$	$\langle B^*, \circ^*\rangle$
	∪∣		∪∣
$H \cong$	$\mathcal{O}(B)$	$\longhookrightarrow$	$\mathcal{O}(B^*)$
Ha	**Ha**	$h\upharpoonright\mathcal{O}(B)$	**cHa**

第6章　直観主義論理

　古典論理では，数学的な真理は人間の精神活動から独立であること，そして数学的命題は，真であるか偽であるかどちらか一方に決まっていることを前提した．したがって，**排中律** $\varphi \vee \neg\varphi$ は古典論理の公理である．ヒルベルト (D. Hilbert) が，数学を古典論理に基づく形式的演繹体系と考えたのに対し，ブラウワー (L. E. J. Brouwer) は，数学に排中律を無制限に使用するのは不適当であると主張した．それは，数学的な真理や対象は，数学を考える精神 (直観) から独立に存在するものではなく，精神活動によって直接とらえられるものであると考えたからである．

　たとえば，x, y を自然数 $1, 2, \cdots$ 上の変数とし，$\varphi(x)$ を「x より大きい双子素数が存在する」，すなわち，

$$y > x \text{ で } y \text{ も } y+2 \text{ もともに素数であるような } y \text{ が存在する}$$

という自然数の性質を表わすとするとき，我々は，任意の x に対して $\varphi(x)$ の真偽を判定する方法を持たない．したがって，現在の我々は，$\forall x(\varphi(x) \vee \neg\varphi(x))$ を主張することはできない．

　「命題 $P(n)$ が成り立つ自然数 n が存在する」とは，「$P(n)$ が成り立つ自然数 n を提示するか，少なくとも n を見出す方法をもっている」ということであり，「φ ならば ψ」は「φ を確認する方法が与えられたとき，その方法をもとにして，ψ を確認する方法を作る方法をもっている」ことである．このとき，排中律 $\varphi \vee \neg\varphi$ は恒真命題ではないので公理から除かれなければならないというのが，ブラウワーの主張であった．そして，古典論理から排中律を除いた論理を**直観主義論理** (Intuitionistic logic) とよんだ．

　ゲンツェンは，古典論理の体系 **LK** から排中律を除いた直観主義論理を体系化し，**LJ** と名づけた．

　LJ の論理式全体の代数的構造を表わすリンデンバウム代数は，ハイティング代数とよばれる束である．完備なハイティング代数は，位相空間の開集合

系の構造を表わすものである．すなわち，直観主義論理は位相構造を表わす論理である．

6.1 直観主義論理の体系 LJ

排中律 $\varphi \vee \neg\varphi$ は，φ が成立する場合と成立しない場合とに，場合分けできることを表わす．ところで，式 $\Gamma \Rightarrow \Delta$ の右辺の Δ は，場合分けを表現している．そこで，この Δ に属する論理式を 0 個か 1 個に制限すれば，場合分けを拒否することになる．

実際，右辺が 2 個の論理式をもつ式を許せば，排中律は，次のように証明されてしまう：

$$\dfrac{\dfrac{\dfrac{\dfrac{\varphi \Rightarrow \varphi}{\varphi \Rightarrow \varphi \vee \neg\varphi}}{\Rightarrow \varphi \vee \neg\varphi, \neg\varphi}}{\Rightarrow \varphi \vee \neg\varphi, \varphi \vee \neg\varphi}}{\Rightarrow \varphi \vee \neg\varphi}$$

そこで，Γ は論理式の有限列，Δ は高々 1 個の論理式の列に制限したとき，$\Gamma \Rightarrow \Delta$ を 直観主義論理 **LJ** の式という．**LJ** の項，論理式，証明 (形式的証明) は，**LK** の場合とまったく同じに定義される．ただし，論理記号 $\to$ および $\exists$ は，**LJ** の言語 L のプリミティブな記号 (定義されない論理記号) として導入しておく．そして，式 $\Gamma \Rightarrow \Delta$ が **LJ** で証明可能であることを，

$$\mathbf{LJ} \vdash \Gamma \Rightarrow \Delta$$

と表記する．**LJ** が自明なときは，これを省略して $\vdash \Gamma \Rightarrow \Delta$ と書く．さらに，Γ が空列のとき，$\vdash\ \Rightarrow \varphi$ を単に $\vdash \varphi$ とも書く．

次に **LJ** の公理体系を定義する．

定義 6.1 体系 **LJ** は次の公理と推論規則からなる．ただし，Δ は 1 個または 0 個の論理式からなる．

(1) **公理**： $\varphi \Rightarrow \varphi$

6.1. 直観主義論理の体系 LJ

(2) **推論規則**：

構造に関する規則：

$$増：\frac{\Gamma \Rightarrow \Delta}{\varphi, \Gamma \Rightarrow \Delta} \qquad \frac{\Gamma \Rightarrow}{\Gamma \Rightarrow \varphi}$$

$$減：\frac{\varphi, \varphi, \Gamma \Rightarrow \Delta}{\varphi, \Gamma \Rightarrow \Delta}$$

$$換：\frac{\Gamma, \varphi, \psi, \Pi \Rightarrow \Delta}{\Gamma, \psi, \varphi, \Pi \Rightarrow \Delta}$$

$$\mathrm{Cut}：\frac{\Gamma \Rightarrow \varphi \quad \varphi, \Pi \Rightarrow \Delta}{\Gamma, \Pi \Rightarrow \Delta}$$

論理記号に関する規則：

$$\neg：\frac{\Gamma \Rightarrow \varphi}{\neg \varphi, \Gamma \Rightarrow} \qquad \frac{\varphi, \Gamma \Rightarrow}{\Gamma \Rightarrow \neg \varphi}$$

$$\wedge：\frac{\varphi, \Gamma \Rightarrow \Delta}{\varphi \wedge \psi, \Gamma \Rightarrow \Delta} \qquad \frac{\Gamma \Rightarrow \varphi \quad \Gamma \Rightarrow \psi}{\Gamma \Rightarrow \varphi \wedge \psi}$$

$$\frac{\psi, \Gamma \Rightarrow \Delta}{\varphi \wedge \psi, \Gamma \Rightarrow \Delta}$$

$$\vee：\frac{\varphi, \Gamma \Rightarrow \Delta \quad \psi, \Gamma \Rightarrow \Delta}{\varphi \vee \psi, \Gamma \Rightarrow \Delta} \qquad \frac{\Gamma \Rightarrow \varphi}{\Gamma \Rightarrow \varphi \vee \psi}$$

$$\frac{\Gamma \Rightarrow \psi}{\Gamma \Rightarrow \varphi \vee \psi}$$

$$\rightarrow：\frac{\Gamma \Rightarrow \varphi \quad \psi, \Pi \Rightarrow \Delta}{\varphi \rightarrow \psi, \Gamma, \Pi \Rightarrow \Delta} \qquad \frac{\varphi, \Gamma \Rightarrow \psi}{\Gamma \Rightarrow \varphi \rightarrow \psi}$$

$\forall:$ $\dfrac{\varphi(t), \Gamma \Rightarrow \Delta}{\forall x \varphi(x), \Gamma \Rightarrow \Delta}$ $\dfrac{\Gamma \Rightarrow \varphi(a)}{\Gamma \Rightarrow \forall x \varphi(x)}$

t は任意の個体項　　　　　a は下式に現わ
　　　　　　　　　　　　　れない自由変項

$\exists:$ $\dfrac{\varphi(a), \Gamma \Rightarrow \Delta}{\exists x \varphi(x), \Gamma \Rightarrow \Delta}$ $\dfrac{\Gamma \Rightarrow \varphi(t)}{\Gamma \Rightarrow \exists x \varphi(x)}$

a は下式に現わ　　　　　　t は任意の個体項
れない自由変項

　減，換，Cut 以外の各推論規則では，**LK** のときと同様，左側のものと右側のものとを区別する．たとえば，増の規則では，左側のものを増左といい，右側のものを増右という．

　ここで，**LJ** における式の証明 (形式的証明) の例を 2 つ記しておく．

例 6.1　式 $\neg(\varphi \vee \psi) \Rightarrow \neg\varphi \wedge \neg\psi$ は証明可能である．

$$\dfrac{\dfrac{\dfrac{\dfrac{\dfrac{\varphi \Rightarrow \varphi}{\varphi \Rightarrow \varphi \vee \psi}}{\neg(\varphi \vee \psi), \varphi \Rightarrow}}{\varphi, \neg(\varphi \vee \psi) \Rightarrow}}{\neg(\varphi \vee \psi) \Rightarrow \neg\varphi} \quad \dfrac{\dfrac{\dfrac{\dfrac{\psi \Rightarrow \psi}{\psi \Rightarrow \varphi \vee \psi}}{\neg(\varphi \vee \psi), \psi \Rightarrow}}{\psi, \neg(\varphi \vee \psi) \Rightarrow}}{\neg(\varphi \vee \psi) \Rightarrow \neg\psi}}{\neg(\varphi \vee \psi) \Rightarrow \neg\varphi \wedge \neg\psi}$$

例 6.2　式 $\neg\varphi \wedge \neg\psi \Rightarrow \neg(\varphi \vee \psi)$ は証明可能である．

$$\dfrac{\dfrac{\dfrac{\dfrac{\dfrac{\varphi \Rightarrow \varphi}{\neg\varphi, \varphi \Rightarrow}}{\neg\varphi \wedge \neg\psi, \varphi \Rightarrow}}{\varphi, \neg\varphi \wedge \neg\psi \Rightarrow} \quad \dfrac{\dfrac{\dfrac{\psi \Rightarrow \psi}{\neg\psi, \psi \Rightarrow}}{\neg\varphi \wedge \neg\psi, \psi \Rightarrow}}{\psi, \neg\varphi \wedge \neg\psi \Rightarrow}}{\varphi \vee \psi, \neg\varphi \wedge \neg\psi \Rightarrow}}{\neg\varphi \wedge \neg\psi \Rightarrow \neg(\varphi \vee \psi)}$$

6.1. 直観主義論理の体系 LJ

直観主義の論理体系 **LJ** に対しても，ゲンツェンの基本定理が成立し，その系として，**LJ** の無矛盾性が得られる．証明については，竹内・八杉 (1988) などを参照．

定理 6.1 (基本定理) **LJ** の式 $\Gamma \Rightarrow \Delta$ が **LJ** で証明可能ならば，この式は，Cut を用いなくても証明可能である．

そして，系として次が得られる．

定理 6.2 **LJ** は無矛盾である．

前原は Maehara(1954) において，**LJ** と同等な，直観主義論理の別体系 **LJ′** をつくった．すなわち，**LK** の式を制限するのではなく，**LK** の推論規則のうち，¬ 右，→ 右，および ∀ 右 の 3 つだけを，それぞれ次の推論規則に置き換えて得られる体系を **LJ′** とし，**LJ** と **LJ′** とが同等であることを証明した．

$$\neg\,右: \quad \frac{\varphi, \Gamma \Rightarrow}{\Gamma \Rightarrow \neg\varphi} \qquad \rightarrow\,右: \quad \frac{\varphi, \Gamma \Rightarrow \psi}{\Gamma \Rightarrow \varphi \rightarrow \psi}$$

$$\forall\,右: \quad \frac{\Gamma \Rightarrow \varphi(a)}{\Gamma \Rightarrow \forall x \varphi(x)}$$
a は下式に現われない自由変項

本節最後に，**LJ** に関する簡単な性質を 2 つ記しておく．証明は簡単なので，練習問題とする．

命題 6.3 任意の論理式 $\varphi_1, \varphi_2, \cdots, \varphi_n, \psi$ $(n \geq 2)$ について，次が成り立つ：

$$\vdash \varphi_1, \varphi_2, \cdots, \varphi_n \Rightarrow \psi \iff \vdash \varphi_1 \wedge \varphi_2 \wedge \cdots \wedge \varphi_n \Rightarrow \psi$$

命題 6.4 **LJ** において，次が成り立つ：

1. 任意の論理式 φ および任意の (高々1つの) 論理式の列 Δ について，
$$\vdash\ \Rightarrow \Delta \iff \vdash \varphi \rightarrow \varphi \Rightarrow \Delta$$

2. 任意の論理式 φ および任意の論理式の列 Γ について，
$$\vdash \Gamma \Rightarrow \neg(\varphi \rightarrow \varphi) \iff \vdash \Gamma \Rightarrow$$

注意 6.1 命題 6.4 により，$\mathbf{LJ} \vdash \Gamma \Rightarrow \Delta$ のとき，もし，Γ に論理式が含まれていなければ，$\mathbf{LJ} \vdash \varphi \to \varphi \Rightarrow \Delta$ と考えてもよい（ただし，φ は適当な論理式）．同様に，Δ が空のとき，つまり，$\mathbf{LJ} \vdash \Gamma \Rightarrow$ のときは，$\mathbf{LJ} \vdash \Gamma \Rightarrow \neg(\varphi \to \varphi)$ と考えてよい（φ は適当な論理式）．このことは，後の健全性定理の証明や完全性定理の証明で利用される．

もちろん，$\mathbf{LJ}$ は無矛盾なので，$\vdash \Gamma \Rightarrow \Delta$ のとき，Γ も Δ もともに空ということはない．

6.2 LJ のリンデンバウム代数

古典論理の体系 $\mathbf{LK}$ の場合と同様に，$\mathbf{LJ}$ のリンデンバウム代数が定義される．本節では，このリンデンバウム代数がハイティング代数であることを示す．

定義 6.2 $\mathcal{F}$ を $\mathbf{LJ}$ の論理式全体，Γ を $\mathbf{LJ}$ の論理式の有限列とし，φ, ψ を $\mathbf{LJ}$ の論理式とするとき，$\mathcal{F}$ の上の 2 項関係 $\leq$ を

$$\varphi \leq \psi \overset{def}{\iff} \mathbf{LJ} \vdash \Gamma, \varphi \Rightarrow \psi$$

によって定義する．そして，$\mathcal{F}$ 上の 2 項関係 $\equiv$ を次のように定義する：

$$\varphi \equiv \psi \overset{def}{\iff} (\varphi \leq \psi \text{ かつ } \psi \leq \varphi)$$

このとき，$\equiv$ は同値関係である．そこで，$\mathbf{LJ}$ の各論理式の $\equiv$ に関する同値類を考える：各 $\varphi \in \mathcal{F}$ について，

$$|\varphi| := \{\psi \in \mathcal{F} \mid \varphi \equiv \psi\}$$

そして，この同値類による $\mathcal{F}$ の分割 $\mathcal{F}/\equiv$ を H と表記する：

$$H := \mathcal{F}/\equiv \; = \{|\varphi| \mid \varphi \in \mathcal{F}\}$$

次に，この H 上の順序関係 $\leq$ を次のように定義する：各 $|\varphi|, |\psi| \in H$ について，

$$|\varphi| \leq |\psi| \overset{def}{\iff} \varphi \leq \psi$$

さて，この定義 6.2 で定義された $\langle H, \leq \rangle$ あるいは単に H を，Γ による $\mathbf{LJ}$ のリンデンバウム代数という．そして，$\langle H, \leq \rangle$ は束であり，しかも，ハイティング代数であることを以下において順次示す．

6.2. **LJ** のリンデンバウム代数

命題 6.5 $\langle H, \leq \rangle$ について,次が成り立つ:

1. H 上の順序関係 $\leq$ は well-defined で,$\langle H, \leq \rangle$ は順序集合である
2. $\langle H, \leq \rangle$ はこの順序 $\leq$ に関して束である.すなわち,任意の $\varphi, \psi \in \mathcal{F}$ に対して,$\{|\varphi|, |\psi|\}$ の上限 $|\varphi| \vee |\psi|$ と下限 $|\varphi| \wedge |\psi|$ が H の中に存在し,次が成り立つ:
$$|\varphi| \vee |\psi| = |\varphi \vee \psi|, \quad |\varphi| \wedge |\psi| = |\varphi \wedge \psi|$$
3. 任意の $\varphi, \psi, \xi \in \mathcal{F}$ に対して,$|\varphi| \wedge |\xi| \leq |\psi| \iff |\xi| \leq |\varphi \to \psi|$
4. H は最大元 1 と最小元 0 をもつ
5. 任意の $\varphi, \psi \in \mathcal{F}$ に対して,$|\varphi| \wedge |\psi| = 0 \iff |\psi| \leq |\neg \varphi|$
6. 任意の $\forall x \varphi(x), \exists x \varphi(x) \in \mathcal{F}$ に対して,
$$|\forall x \varphi(x)| = \bigwedge\nolimits_{t \in T_L} |\varphi(t)|, \quad |\exists x \varphi(x)| = \bigvee\nolimits_{t \in T_L} |\varphi(t)|$$
ただし,T_L は **LJ** の言語 L の個体項全体とする

証明 1: 上記定義 6.2 からほぼ明らか.

2: 下限についてのみ示す.**LJ** $\vdash \Gamma, \varphi \wedge \psi \Rightarrow \varphi$ により,$|\varphi \wedge \psi| \leq |\varphi|$. 同様に,$|\varphi \wedge \psi| \leq |\psi|$.

一方,任意の $\xi \in \mathcal{F}$ に対して,
$$|\xi| \leq |\varphi| \iff \mathbf{LJ} \vdash \Gamma, \xi \Rightarrow \varphi$$
$$|\xi| \leq |\psi| \iff \mathbf{LJ} \vdash \Gamma, \xi \Rightarrow \psi$$

ゆえに,$\wedge$ 右により,
$$|\xi| \leq |\varphi| \text{ かつ } |\xi| \leq |\psi| \implies \mathbf{LJ} \vdash \Gamma, \xi \Rightarrow \varphi \wedge \psi$$
$$\implies |\xi| \leq |\varphi \wedge \psi|$$

すなわち,$|\varphi \wedge \psi|$ は $\{|\varphi|, |\psi|\}$ の H における下限,つまり,$|\varphi| \wedge |\psi|$ である.

3: $\implies$:
$$|\varphi| \wedge |\xi| \leq |\psi| \implies \vdash \Gamma, \varphi, \xi \Rightarrow \psi$$
$$\implies \vdash \Gamma, \xi \Rightarrow \varphi \to \psi$$
$$\implies |\xi| \leq |\varphi \to \psi|$$

$\impliedby$: $\vdash \Gamma, \varphi \wedge (\varphi \to \psi) \Rightarrow \psi$ より,$|\varphi| \wedge |\varphi \to \psi| \leq |\psi|$. よって,

$$|\xi| \leq |\varphi \to \psi| \implies |\varphi| \wedge |\xi| \leq |\varphi| \wedge |\varphi \to \psi| \leq |\psi|$$

4: 任意の論理式 φ について,**LJ**$\vdash \Gamma \Rightarrow \varphi \to \varphi$ となる.このとき,任意の論理式 ψ に対して,$|\psi| \leq |\varphi \to \varphi|$ となるので,$|\varphi \to \varphi|$ は H の最大元である.他方,$|\neg(\varphi \to \varphi)|$ は H の最小元となる.H の最大元を 1_H あるいは 1 と表わし,最小元を 0_H あるいは 0 と表わす.

5: 任意の $\varphi, \psi \in \mathcal{F}$ に対して,次が成り立つ:

$$\begin{aligned}|\varphi| \wedge |\psi| = 0 &\iff \vdash \Gamma, \varphi \wedge \psi \Rightarrow \\ &\iff \vdash \Gamma, \psi \Rightarrow \neg\varphi \\ &\iff |\psi| \leq |\neg\varphi|\end{aligned}$$

6: 任意の個体項 $t \in T_L$ について,$\vdash \Gamma, \forall x \varphi(x) \Rightarrow \varphi(t)$ なので,$|\forall x \varphi(x)| \leq |\varphi(t)|$ となる.

一方,任意の $\psi \in \mathcal{F}$ に対して,$|\psi| \leq |\varphi(t)|$ が任意の $t \in T_L$ について成り立つとする.このとき,$\vdash \Gamma, \psi \Rightarrow \varphi(t)$ が任意の $t \in T_L$ について成り立つ.そこで,a を,$\Gamma, \psi, \forall x \varphi(x)$ に現れない自由変項とすると,$\vdash \Gamma, \psi \Rightarrow \varphi(a)$ から,推論規則 $\forall$ 右により,$\vdash \Gamma, \psi \Rightarrow \forall x \varphi(x)$ となる.つまり,$|\psi| \leq |\forall x \varphi(x)|$.以上から,$|\forall x \varphi(x)| = \bigwedge_{t \in T_L} |\varphi(t)|$.

$|\exists x \varphi(x)| = \bigvee_{t \in T_L} |\varphi(t)|$ についても同様. □

定義 6.3 リンデンバウム代数 $\langle H, \leq \rangle$ 上の演算 $\to$ と $\neg$ を次のように定義する:

$$|\varphi| \to |\psi| := |\varphi \to \psi|, \quad \neg|\varphi| := |\neg\varphi| = (|\varphi| \to 0)$$

このとき,命題 6.5 および定義 6.3 から,次の定理が成り立つ:

定理 6.6 Γ による **LJ** のリンデンバウム代数 $\langle H, \leq \rangle$ は,ハイティング代数である.

証明 命題 6.5 から,順序集合 $\langle H, \leq \rangle$ は 0 をもつ束である.しかも,定義 6.3 と命題 6.5 の 3 から,任意の $|\varphi|, |\psi|, |\xi| \in H$ に対して,条件

$$|\varphi| \wedge |\xi| \leq |\psi| \iff |\xi| \leq |\varphi| \to |\psi|$$

を満たす 2 項演算 $\to$ が存在するので,H はハイティング代数である. □

6.3 LJ の解釈と健全性定理

本節では，**LJ** の解釈を定義し，それに基づき **LJ** の健全性定理の証明をする．まず，D を，個体項の対象領域を表わす空でない集合とし，L に $\{\bar{d} \mid d \in D\}$ の各元を，個体定項として追加したとき，その拡張された言語を $L(D)$ と表記する．つまり，$L(D) := L \cup \{\bar{d} \mid d \in D\}$．そして，**LK** のときと同様，解釈を考察するときは，この拡張された言語 $L(D)$ の解釈を扱うことにする．

定義 6.4 Ω を **cHa** とする．空でない集合 D と，関数 ϕ の組 $\langle D, \phi \rangle$ が，次の条件 1〜3 を満たすとき，それを $L(D)$ の Ω-**値構造**という：

1. L の任意の個体項 t に対して，$\phi(t) \in D$,
2. 任意の $d \in D$ について，$\phi(\bar{d}) = d$,
3. P が n 項述語記号ならば，$\phi(P)$ は，D^n から Ω の中への関数である．

Ω-値構造 $\langle D, \phi \rangle$ が与えられると，$L(D)$ の各個体項 t に対し，D の元 $\phi(t)$ が決まり，次のように，$L(D)$ の各論理式 φ に対し，Ω の元 $[\![\varphi]\!]$ が決まる：

1. P が n 項述語記号，$t_1, \cdots, t_n$ が $L(D)$ の個体項ならば，
    $[\![P(t_1, \cdots, t_n)]\!] := (\phi(P))(\phi(t_1), \cdots, \phi(t_n)) \in \Omega$
2. $[\![\neg \varphi]\!] \quad := \neg [\![\varphi]\!]$
3. $[\![\varphi \vee \psi]\!] \quad := [\![\varphi]\!] \vee [\![\psi]\!]$
4. $[\![\varphi \wedge \psi]\!] \quad := [\![\varphi]\!] \wedge [\![\psi]\!]$
5. $[\![\varphi \to \psi]\!] \quad := [\![\varphi]\!] \to [\![\psi]\!]$
6. $[\![\forall x \varphi(x)]\!] \quad := \bigwedge_{d \in D} [\![\varphi(\bar{d})]\!]$
7. $[\![\exists x \varphi(x)]\!] \quad := \bigvee_{d \in D} [\![\varphi(\bar{d})]\!]$

ここに，$\neg, \wedge, \vee, \to$ は，左辺では論理記号を表わし，右辺では Ω 上の演算を表わす．以上の定義により，$L(D)$ のすべての論理式 φ に対して，Ω の元 $[\![\varphi]\!]$ が対応する．さらに，式の真理値を次のように定義する．

8. $[\![\varphi_1, \cdots, \varphi_n \Rightarrow \psi]\!] \quad := [\![\varphi_1 \wedge \cdots \wedge \varphi_n \to \psi]\!]$
9. $[\![\varphi_1, \cdots, \varphi_n \Rightarrow \ ]\!] \quad := \neg [\![\varphi_1 \wedge \cdots \wedge \varphi_n]\!]$
10. $[\![\ \Rightarrow \psi]\!] \quad := [\![\psi]\!]$

$L(D)$ の式 $\Gamma \Rightarrow \Delta$ は,任意の Ω-値構造 $\langle D, \phi \rangle$ で $[\![\Gamma \Rightarrow \Delta]\!] = 1$ ならば,Ω-妥当であるといい,

$$\Omega \vDash \Gamma \Rightarrow \Delta$$

と書く.すべての **cHa** Ω に対して Ω-妥当であれば,**妥当**であるといい,

$$\mathbf{cHa} \vDash \Gamma \Rightarrow \Delta \quad \text{あるいは} \quad \vDash \Gamma \Rightarrow \Delta$$

と書く.

次に,**LJ** の健全性定理を証明する.

定理 6.7 (LJ の健全性定理)　言語 L の式 $\Gamma \Rightarrow \Delta$ が **LJ** で証明可能であれば,妥当である.つまり,

$$\mathbf{LJ} \vdash \Gamma \Rightarrow \Delta \quad \text{ならば} \quad \mathbf{cHa} \vDash \Gamma \Rightarrow \Delta$$

証明　$\mathbf{LJ} \vdash \Gamma \Rightarrow \Delta$ とする.このとき,命題 6.4 および注意 6.1 から,Γ も Δ も言語 L の論理式を含んでいる,つまり,空でないとすることができる.特に,Δ はちょうど 1 つの言語 L の論理式を含むと考えることができる.そして,命題 6.3 から,$\Gamma \Rightarrow \Delta$ が,$\varphi_1, \cdots \varphi_n \Rightarrow \psi$ のとき,$\vdash \varphi_1, \cdots \varphi_n \Rightarrow \psi$ は $\vdash \varphi_1 \wedge \cdots \wedge \varphi_n \Rightarrow \psi$ と同等となるが,ここで $\varphi_1 \wedge \cdots \wedge \varphi_n$ を $\bigwedge \Gamma$ のように表わし,$\vdash \bigwedge \Gamma \Rightarrow \psi$ と考えることとする.そこで以下では,たとえば式 $\Gamma \Rightarrow \Delta$ を $\bigwedge \Gamma \Rightarrow \Delta$ のように表記する.

さて,公理 $\varphi \Rightarrow \varphi$ は明らかに妥当であるから,各推論規則について,上式が妥当であれば下式も妥当であることをいえばよい.ここでは,$\to$ 左 と $\forall$ 右についてチェックし,他の推論規則については演習問題とする.以下,Ω は任意の **cHa** とする.

$\to$ 左: $\dfrac{\Gamma \Rightarrow \varphi \quad \psi, \Pi \Rightarrow \Delta}{\varphi \to \psi, \Gamma, \Pi \Rightarrow \Delta}$

任意の Ω-値構造 $\langle D, \phi \rangle$ で $[\![\bigwedge \Gamma \Rightarrow \varphi]\!] = [\![\psi \wedge \bigwedge \Pi \Rightarrow \Delta]\!] = 1$ とする.すなわち,

1. $[\![\bigwedge \Gamma]\!] \leq [\![\varphi]\!]$
2. $[\![\psi \wedge \bigwedge \Pi]\!] \leq [\![\Delta]\!]$

6.4. LJ の完全性

このとき, 2 から, $[\![\bigwedge \Pi]\!] \leq [\![\psi]\!] \to [\![\Delta]\!]$ となるので, これと 1 から, $[\![\bigwedge \Gamma]\!] \wedge [\![\bigwedge \Pi]\!] \leq [\![\varphi]\!] \wedge ([\![\psi]\!] \to [\![\Delta]\!])$ となる. よって,

$$[\![\varphi \to \psi]\!] \wedge [\![\bigwedge \Gamma]\!] \wedge [\![\bigwedge \Pi]\!] \leq [\![\varphi \to \psi]\!] \wedge [\![\varphi]\!] \wedge ([\![\psi]\!] \to [\![\Delta]\!])$$
$$\leq [\![\psi]\!] \wedge ([\![\psi]\!] \to [\![\Delta]\!])$$
$$\leq [\![\Delta]\!]$$

したがって, $[\![(\varphi \to \psi) \wedge \bigwedge \Gamma \wedge \bigwedge \Pi \Rightarrow \Delta]\!] = 1$.

∀ 右: $\dfrac{\Gamma \Rightarrow \varphi(a)}{\Gamma \Rightarrow \forall x \varphi(x)}$ (a は下式に現われない)

任意の Ω-構造 $\langle D, \phi \rangle$ で $[\![\bigwedge \Gamma \Rightarrow \varphi(a)]\!] = 1$ とする. ただし, Γ や $\forall x \varphi(x)$ には, 自由変項 a も個体定項 $\bar{d}$ (d は D の任意の元) も含まれていない. さてこのとき, ϕ も任意だから, 任意の $d \in D$ に対して, $[\![\bigwedge \Gamma \Rightarrow \varphi(\bar{d})]\!] = 1$. すなわち, 任意の $d \in D$ について, $[\![\bigwedge \Gamma]\!] \leq [\![\varphi(\bar{d})]\!]$. よって, $[\![\bigwedge \Gamma]\!] \leq \bigwedge_{d \in D} [\![\varphi(\bar{d})]\!] = [\![\forall x \varphi(x)]\!]$. □

6.4　LJ の完全性

この節では, **LJ** の完全性定理を代数的に証明する. その証明では, 任意のハイティング代数 H に対して, **cHa** H^* が存在することと, H 上の無限 join, 無限 meet を保存する埋め込み $h : H \hookrightarrow H^*$ が存在することを保証する Rasiowa-Sikorski の埋め込み定理を用いる.

定理 6.8 (LJ の完全性定理)　言語 L の式 $\Gamma \Rightarrow \Delta$ が妥当であれば証明可能である. すなわち,

$$\mathbf{cHa} \models \Gamma \Rightarrow \Delta \quad \text{ならば} \quad \mathbf{LJ} \vdash \Gamma \Rightarrow \Delta$$

証明　$\mathbf{LJ} \not\vdash \Gamma \Rightarrow \Delta$ を仮定して, $\mathbf{cHa} \not\models \Gamma \Rightarrow \Delta$ を証明する.

ところで, 健全性定理 (定理 6.7) の証明と同様に, 式 $\Gamma \Rightarrow \Delta$ において, Γ および Δ はともに言語 L の論理式を含んでいると考えることができる. 特に, Δ はちょうど 1 つの言語 L の論理式を含むと考えることができる.

さて, 言語 L の論理式全体を $\mathcal{F}$ とし, Γ によるリンデンバウム代数 H を以下のように定義する : 任意の論理式 $\varphi, \psi \in \mathcal{F}$ について,

1. $\varphi \leq \psi \overset{def}{\iff} \mathbf{LJ} \vdash \Gamma, \varphi \Rightarrow \psi$
2. $\varphi \equiv \psi \overset{def}{\iff} (\varphi \leq \psi \text{ かつ } \psi \leq \varphi)$
3. $|\varphi| := \{\psi \in \mathcal{F} \mid \varphi \equiv \psi\}$
4. $H := \{|\varphi| \mid \varphi \in \mathcal{F}\}$
5. $|\varphi| \leq |\psi| \overset{def}{\iff} \varphi \leq \psi$

このとき，命題 6.5，定義 6.3，定理 6.6 により，Γ によるリンデンバウム代数 H はハイティング代数である．そして，Rasiowa-Sikorski の埋め込み定理 (定理 5.36) により，この H は $\mathbf{cHa}$ Ω に埋め込まれる．ここで，この埋め込み $h : H \hookrightarrow \Omega$ の性質を次にまとめて記しておく：任意の論理式 $\varphi, \psi, \forall x \varphi(x), \exists x \varphi(x) \in \mathcal{F}$ について，次の $h1 \sim h8$ が成り立つ：

$h1$: $|\varphi| \leq_H |\psi| \iff h(|\varphi|) \leq_\Omega h(|\psi|)$

$h2$: $h(|\varphi| \vee_H |\psi|) = h(|\varphi \vee \psi|) = h(|\varphi|) \vee_\Omega h(|\psi|)$

$h3$: $h(|\varphi| \wedge_H |\psi|) = h(|\varphi \wedge \psi|) = h(|\varphi|) \wedge_\Omega h(|\psi|)$

$h4$: $h(|\varphi| \to_H |\psi|) = h(|\varphi \to \psi|) = h(|\varphi|) \to_\Omega h(|\psi|)$

$h5$: $h(\neg_H |\varphi|) = h(|\neg \varphi|) = \neg_\Omega h(|\varphi|)$

$h6$: $h(|\forall x \varphi(x)|) = h(\bigwedge_{t \in T_L}^H |\varphi(t)|) = \bigwedge_{t \in T_L}^\Omega h(|\varphi(t)|)$

$h7$: $h(|\exists x \varphi(x)|) = h(\bigvee_{t \in T_L}^H |\varphi(t)|) = \bigvee_{t \in T_L}^\Omega h(|\varphi(t)|)$

$h8$: $h(0_H) = 0_\Omega, \quad h(1_H) = 1_\Omega$

次に，L の Ω-値構造 $\langle D, \phi \rangle$ を定義するが，D を $\mathbf{LJ}$ の言語 L の個体項全体 T_L とする．つまり，$D = T_L$ とする．そして，$L(D) := L \cup T_L = L$ とする．

そこで，Ω-値構造 $\langle D, \phi \rangle$ を次のように定義する：

(1) 任意の個体項 $t \in T_L$ について，$\phi(t) = t$

(2) 任意の n 項述語記号 P および個体項 $t_1, \cdots, t_n \in T_L$ について，

$[\![P(t_1, \cdots, t_n)]\!] = (\phi(P))(\phi(t_1), \cdots, \phi(t_n)) := h(|P(t_1, \cdots, t_n)|) \in \Omega$

このとき，次の補題が成り立つ：

6.4. LJ の完全性

補題 任意の論理式 $\varphi \in \mathcal{F}$ について，$[\![\varphi]\!] = h(|\varphi|)$．

補題の証明 論理式 φ に関する帰納法による．

(i) $\varphi = P(t_1, \cdots, t_n)$ のとき：上記 Ω-値構造 $\langle D, \phi \rangle$ の定義による．

(ii) $\varphi = \psi \vee \chi$ のとき：帰納法の仮定から，$[\![\psi]\!] = h(|\psi|)$, $[\![\chi]\!] = h(|\chi|)$. このとき，h の性質 $h2$ を使うと次のようになる：

$$[\![\psi \vee \chi]\!] = [\![\psi]\!] \vee_\Omega [\![\chi]\!] = h(|\psi|) \vee_\Omega h(|\chi|) = h(|\psi| \vee_H |\chi|) = h(|\psi \vee \chi|)$$

(iii) φ が $\psi \wedge \chi$ あるいは $\psi \to \chi$ のとき：上記 (ii) の場合と同様．

(iv) $\varphi = \neg \psi$ のとき：帰納法の仮定と h の性質 $h5$ から，

$$[\![\neg \psi]\!] = \neg_\Omega [\![\psi]\!] = \neg_\Omega h(|\psi|) = h(\neg_H |\psi|) = h(|\neg \psi|)$$

(v) $\varphi = \forall x \psi(x)$ のとき：帰納法の仮定と h の性質 $h6$ から，

$$[\![\forall x \psi(x)]\!] = \bigwedge\nolimits_{t \in T_L}^{\Omega} [\![\psi(t)]\!] = \bigwedge\nolimits_{t \in T_L}^{\Omega} h(|\psi(t)|)$$
$$= h(\bigwedge\nolimits_{t \in T_L}^{H} |\psi(t)|)$$
$$= h(|\forall x \psi(x)|)$$

(vi) $\varphi = \exists x \psi(x)$ のとき：上記 (v) の場合と同様． 補題-□

さて，$\varphi \in \Gamma$ とする．このとき，$\vdash \Gamma \Rightarrow \varphi$ なので，任意の $\chi \in \mathcal{F}$ について，$\vdash \Gamma, \chi \Rightarrow \varphi$ となり，$|\chi| \leq |\varphi|$. つまり，$|\varphi| = 1_H$. したがって，上記補題と h の性質 $h8$ から，各 $\varphi \in \Gamma$ について，$[\![\varphi]\!] = h(|\varphi|) = h(1_H) = 1_\Omega$.

一方，$\Delta = \psi$ とすると，仮定から，$\not\vdash \Gamma \Rightarrow \psi$. このとき，適当な $\varphi \in \Gamma$ について，$\not\vdash \Gamma, \varphi \Rightarrow \psi$ なので，$|\varphi| \not\leq |\psi|$ となる．そして，h の性質 $h1$ から，$1_\Omega = h(|\varphi|) \not\leq h(|\psi|)$ となり，$[\![\psi]\!] = h(|\psi|) \neq 1_\Omega$.

以上から，$\Gamma = \varphi_1, \cdots, \varphi_n$ とすると，

$$[\![\varphi_1 \wedge \cdots \wedge \varphi_n]\!] = [\![\varphi_1]\!] \wedge_\Omega \cdots \wedge_\Omega [\![\varphi_n]\!] = 1_\Omega$$

となり，$[\![\Gamma \Rightarrow \psi]\!] = [\![\varphi_1 \wedge \cdots \wedge \varphi_n \to \psi]\!] = [\![\varphi_1 \wedge \cdots \wedge \varphi_n]\!] \to_\Omega [\![\psi]\!] \neq 1_\Omega$ となる．したがって，$\mathbf{cHa} \not\models \Gamma \Rightarrow \Delta$. □

参考文献

[和文文献]

[1] 赤間世紀, 1992: **計算論理学入門**, 啓学出版.

[2] 彌永昌吉・小平邦彦, 1961: **現代数学概説 I**, 岩波書店.

[3] 岩村聯, 1966: **束論**, 共立出版.

[4] 大熊正, 1979: **圏論 (カテゴリー)**, 槙書店.

[5] 小野寛晰, 1994a: **情報代数**, 共立出版.

[6] 小野寛晰, 1994b: **情報科学における論理**, 日本評論社.

[7] 倉田令二朗, 1980: トポス第 I 章, **月刊マセマティクス** vol.1, no.3, pp.240-249.

[8] 倉田令二朗, 1996: **入門数学基礎論**, 河合文化教育研究所.

[9] 小寺平治, 1995: **入門＝ファジィ数学**, 遊星社.

[10] 小寺平治, 2002: **テキスト 線形代数**, 共立出版.

[11] S. コッペルベルク (渕野昌 訳), 1986: **現代のブール代数**, 共立出版.

[12] 篠田寿一・米澤佳己, 1995: **集合・位相演習**, サイエンス社.

[13] 島内剛一, 1971: **数学の基礎**, 日本評論社.

[14] 清水義夫, 1984: **記号論理学**, 東京大学出版会.

[15] 竹内外史, 1972: **数学基礎論の世界ーロジックの雑記帳から**, 日本評論社.

[16] 竹内外史, 1978: **層・圏・トポスー現代的集合像を求めて**, 日本評論社.

[17] 竹内外史, 1980: **直観主義的集合論**, 紀伊國屋書店.

[18] 竹内外史, 1981: **線形代数と量子力学**, 裳華房.

[19] 竹内外史, 1982: **数学的世界観**, 紀伊國屋書店.

[20] 竹内外史・八杉満利子, 1988: **証明論入門 (数学基礎論改題)**, 共立出版.

[21] 竹内外史, 1989: **現代集合論入門 (増補版)**, 日本評論社.

[22] 田中一之・鈴木登志雄, 2003: **数学のロジックと集合論**, 培風館.

[23] 田中俊一, 2000: **位相と論理**, 日本評論社.

[24] 田中尚夫, 1987: **選択公理と数学－発生と論争，そして確立への道**, 遊星社.

[25] 千谷慧子, 1980: 直観主義的集合論, **月刊マセマティクス** vol.1, no.3, pp.233-239.

[26] 千谷慧子, 1992: **ファジィの数学的基礎**, 日刊工業新聞社.

[27] 坪井明人, 1997: **モデルの理論**, 河合文化教育研究所.

[28] 戸田山和久, 2000: **論理学をつくる**, 名古屋大学出版会.

[29] 永尾汎, 1983: **代数学**, 朝倉書店.

[30] 難波完爾, 2003: **数学と論理**, 朝倉書店.

[31] 日本数学会編, 1985: **岩波数学辞典**(第 3 版), 岩波書店.

[32] 林晋, 1989: **数理論理学**, コロナ社.

[33] 廣瀬健, 1981: **数学基礎論の応用** (数学セミナー増刊), 日本評論社.

[34] 細井勉, 1992: **情報科学のための論理数学**, 日本評論社.

[35] 堀内清光, 1998: **ファジィ数学**, 大阪教育図書.

[36] 前田周一郎, 1980: **束論と量子論理**, 槙書店.

[37] 前原昭二, 2006: **数学基礎論入門** (復刊), 朝倉書店.

[38] 松坂和夫, 1968: **集合・位相入門**, 岩波書店.

[39] 松坂和夫, 1976: **代数系入門**, 岩波書店.

[40] 松本和夫, 1980: **束と論理**, 森北出版.

[41] 松本和夫, 2001: **数理論理学** (復刊), 共立出版.

[42] 森田紀一, 1981: **位相空間論**, 岩波書店.

[欧文文献]

[43] Aoyama, H., 1998: The Semantic Completeness of a Global Intuitionistic Logic, *Mathematical Logic Quarterly* 44, pp.167-175.

[44] Aoyama, H., 2004: LK, LJ, Dual Intuitionistic Logic, and Quantum Logic, *Notre Dame Journal of Formal Logic* 45, pp.193-213.

[45] Balbes, R. and Dwinger, P., 1974: *Distributive Lattices*, University of Missouri Press.

[46] Barwise, J. (ed.), 1977: *Handbook of Mathematical Logic*, North-Holland.

[47] Batens, D., Mortensen, C., Priest, G. and van Bendegem, J. P. (eds.), 2000: *Frontiers of Paraconsistent Logic*, Research Studies Press.

[48] Beeson M. J., 1985: *Foundations of Constructive Mathematics*, Springer-Verlag.

[49] Bell, J. L. and Slomson, A. B., 1971: *Models and Ultraproducts*, North-Holland.

[50] Bell, J. L. and Machover, M., 1977: *A Course in Mathematical Logic*, North-Holland.

[51] Beltrametti, E. G. and van Fraassen, B. C. (eds.), 1981: *Current Issues in Quantum Logic*, Plenum Press.

[52] Beran, L., 1985: *Orthomodular Lattices: Algebraic Approach*, D. Reidel Publishing Company.

[53] Berberian, S. K., 1999: *Introduction to Hilbert Space*, 2nd ed., AMS Chelsea Pub.

[54] Birkhoff, G., 1967: *Lattice Theory*, 3rd ed., American Mathematical Society.

[55] Birkhoff, G. and von Neumann, J., 1936: The logic of Quantum Mechanics, *Annals of Mathematics* 37, pp.823-843.

[56] Blackburn, P. and van Benthem, J. and Wolter, F., 2007: *Handbook of Modal Logic*, Elsevier.

[57] Blyth, T. S., 2005: *Lattices and Ordered Algebraic Structures*, Springer-Verlag.

[58] Brouwer, L. E. J., 1908: De Onbetrouwbaarheid der Logische Principes (On the Unreliability of the Logical Principles), *Tijdschrift voor Wijsbegeerte* 2, pp.152-158.

[59] Brouwer, L. E. J., 1923: On the Significance of the Principle of Excluded Middle in Mathematics, Especially in Function Theory, *From Frege to Gödel: A Source Book in Mathematical Logic, 1879-1931*, van Heijenoort, J. (ed.), pp.334-345.

[60] Carnielli, W. A., Coniglio, M. E. and D'Ottaviano, I. M. L. (eds.), 2002: *Paraconsistency: The Logical Way to Inconsistent*, Marcel Dekker, Inc.

[61] Chagrov, A. and Zakharyaschev, M., 1997: *Modal Logic*, Oxford University Press.

[62] Chang, C. C. and Keisler, H. J., 1973: *Model Theory*, North-Holland.

[63] Chiara, M. L. D., 1986: Quantum Logic, *Handbook of Philosophical Logic*, vol.3, pp.427-469.

[64] Chiara, M. L. D. and Giuntini, R., 2002: Quantum Logics, *Handbook of Philosophical Logic*, 2nd ed., vol.6, pp.129-228.

[65] Cleave, J. P., 1991: *A Study of Logics*, Oxford University Press.

[66] Coecke, B., Moore, D. and Wilce, A. (eds.), 2000: *Current Research in Operational Quantum Logic: Algebras, Categories, Languages*, Kluwer Academic Publishers.

[67] Cohen, D. W., 1989: *An Introduction to Hilbert Space and Quantum Logic*, Springer-Verlag.

[68] D'Agostino, M., Gabbay, D. M., Hähnle, R. and Possega, J. (eds.), 1999: *Handbook of Tableau Methods*, Kluwer Academic Publishers.

[69] Davey, B. A. and Priestley, H. A., 2002: *Introduction to Lattices and Order*, 2nd ed., Cambridge University Press.

[70] Denecke, K., Erné, M., Wismath, S. L. (eds.), 2004: *Galois Connections and Applications*, Kluwer Academic Publishers.

[71] Dragalin, A. G., 1988: *Mathematical Intuitionism: Introduction to Proof Theory*, American Mathematical Society.

[72] Dummett, M., 1977: *Elements of Intuitionism*, Oxford University Press.

[73] Dunn, J. M. and Hardegree, G. M., 2001: *Algebraic Methods in Philosophical Logic*, Oxford University Press.

[74] Enderton, H. B., 2002: *A Mathematical Introduction to Logic*, 2nd ed., Academic Press.

[75] Fitting, M. C., 1969: *Intuitionistic Logic Model Theory and Forcing*, North-Holland.

[76] Foulis, D. J. and Randall, C. H., 1971: Lexicographic Orthogonality, *Journal of Combinatorial Theory* 11, pp.157-162.

[77] Fourman, M. P. and Scott, D. S., 1979: Sheaves and Logic, *Applications of Sheaves*, Fourman, M. P., Mulvey, C. J. and Scott, D. S. (eds.), pp.302-401.

[78] Fourman, M. P., Mulvey, C. J. and Scott, D. S. (eds.), 1979: *Applications of Sheaves*, (Proceedings of the Research Symposium on Applications of Sheaf Theory to Logic, Algebra, and Analysis, Durham, July 9-21, 1977), Lecture Notes in Mathematics 753, Springer-Verlag.

[79] Gabbay, D. M., 1981: *Semantical Investigations in Heyting's Intuitionistic Logic*, D. Reidel Publishing.

[80] Gabbay, D. M. and Wansing H. (eds.), 1999: *What is Negation?*, Kluwer Academic Publishers.

[81] Gabbay, D. M. and Guenthner, F. (eds.), 2002: *Handbook of Philosophical Logic*, 2nd ed., vol.5, Kluwer Academic Publishers.

[82] Gabbay, D. M. and Guenthner, F. (eds.), 2002: *Handbook of Philosophical Logic*, 2nd ed., vol.6, Kluwer Academic Publishers.

[83] Gentzen, G., 1935: Untersuchungen über das logische Schliessen, *Mathematische Zeitschrift* 39, pp.176-210, 405-431.

[84] Gierz, G., Hofmann, K. H., Keimel, K., Lawson, J. D., Mislove, M. and Scott, D. S., 1980, *A Compendium of Continuous Lattices*, Springer-Verlag.

[85] Goldblatt, R., 1974: Semantic Analysis of Orthologic, *Journal of Philosophical Logic* 3, pp.19-35.

[86] Goldblatt, R., 1984: Orthomodularity is not Elementary, *Journal of Symbolic Logic* 49, pp.401-404.

[87] Goldblatt, R., 2006: *Topoi: The Categorial Analysis of Logic*, revised ed., Dover Publications.

[88] Gottwald, S.,2001: *A Treatise on Many-Valued Logics*, Research Studies Press.

[89] Grätzer, G. 1998: *General Lattice Theory*, 2nd ed., Birkhäuzer Verlag.

[90] Grayson, R. J., 1979: Heyting valued Models for Intuitionistic Set Theory, *Applications of Sheaves*, Fourman, M. P., Mulvey, C. J. and Scott, D. S. (eds.), pp.402-414.

[91] Halmos, P. R., 1951: *Introduction to Hilbert Space*, Chelsea Publishing.

[92] Hendricks, V. F. and Malinowski, J. (eds.), 2003: *Trends in Logic: 50 Years of Studia Logica*, Kluwer Academic Publishers.

[93] Heyting, A., 1956: *Intuitionism*, North-Holland.

[94] Hungerford, T. W., 1974: *Algebra*, Springer-Verlag.

[95] Jacquette, D. (ed.), 2002: *A Companion to Philosophical Logic*, Blackwell Publishing.

[96] Johnstone, P. T., 1982: *Stone Spaces*, Cambridge University Press.

[97] Kalmbach, G., 1983: *Orthomodular Lattices*, Academic Press.

[98] Kleene, S. C., 1952: *Introduction to Metamathematics*, North-Holland.

[99] Kodera, H., 1995: [0,1]-valued Sheaf Model of an Intuitionistic Set Theory and Fuzzy Groups, *Bulletin of Aichi University of Education* 44 (Natural Science), pp.9-23.

[100] Kodera, H., 2005: On a Sequential Orthologic, *preprint*.

[101] Kodera, H. and Titani, S., 2006: The Equivalence of Two Sequential Calculi of Quantum Logic, *submitted*.

[102] Lipschutz, S., 1965: *Schaum's Outline of Theory and Problems of General Topology*, McGraw-Hill. 和訳: 一般位相 (大矢建正・花沢正純 訳), マグロウヒル ブック, 1987.

[103] MacLane, S., 1998: *Categories for the Working Mathematician*, 2nd ed., Springer-Verlag. 和訳: 圏論の基礎 (三好博之・高木理 訳), シュプリンガー・フェアラーク東京, 2005.

[104] MacLane, S. and Moerdijk, I., 1992: *Sheaves in Geometry and Logic: A First Introduction to Topos Theory*, Springer-Verlag.

[105] Maehara, S., 1954: Eine Darstellung der intuitionistischen Logik in der klassischen, *Nagoya Mathematical Journal* 7, pp.45-64.

[106] McKinsey, J. C. C. and Tarski, A., 1944: The Algebra of Topology, *Annals of Mathematics* 45, pp.141-191.

[107] McKinsey, J. C. C. and Tarski, A., 1946: On Closed Elements in Closure Algebras, *Annals of Mathematics* 47, pp.122-162.

[108] McLarty, C., 1992: *Elementary Categories, Elementary Toposes*, Oxford University Press.

[109] Mendelson, E., 1970: *Schaum's Outline of Theory and Problems of Boolean Algebra and Switching Circuits*, McGraw-Hill. 和訳: ブール代数とスイッチ回路 (大矢建正 訳), マグロウヒル ブック, 1982.

[110] Mints, G., 2000: *A Short Introduction to Intuitionistic Logic*, Kluwer Academic/Plenum Publishers.

[111] Mittelstaedt, P. and Weingartner, P. A., 2005: *Laws of Nature*, Springer-Verlag.

[112] Monk, J. D. (ed.), 1989: *Handbook of Boolean Algebras*, 3 vols., North-Holland.

[113] Negri, S. and von Plato, J., 2001: *Structural Proof Theory*, Cambridge University Press.

[114] Nishimura, H., 1980: Sequential Method in Quantum Logic, *Journal Symbolic Logic* 45, pp.339-352.

[115] Nishimura, H., 1994: Proof Theory for Minimal Quantum Logic I and II, *International Journal of Theoretical Physics* 33, pp.103-113, pp.1427-1443.

[116] Orłowska, E. (ed.), 1999: *Logic at Work*, Physica-Verlag.

[117] Paoli, F., 2002: *Substructural Logics: A Primer*, Kluwer Academic Publishers.

[118] Pedicchio, M. C. and Tholen, W. (eds.), 2004: *Categorical Foundations : Special Topics in Order, Topology, Algebra, and Sheaf Theory*, Cambridge University Press.

[119] Piron, C. P., 1976: *Foundations of Quantum Physics*, W. A. Benjamin Inc.

[120] Priest G., Routley, R. and Norman, J. (eds.), 1989: *Paraconsistent Logic: Essays on the Inconsistent*, Philosophia Verlag.

[121] Pták, P. and Pulmannová, S., 1991: *Orthomodular Structures As Quantum Logics*, Kluwer Academic Publishers.

[122] Rasiowa, H. and Sikorski, R., 1950: A Proof of the Completeness Theorem of Gödel, *Fundamenta Mathematicae* 37, pp.193-200.

[123] Rasiowa, H. and Sikorski, R., 1963: *The Mathematics of Metamathematics*, Polish Scientific Publishers.

[124] Rasiowa, H., 1974: *An Algebraic Approach to Non-Classical Logics*, North-Holland.

[125] Rauszer, C., 1974: Semi-Boolean Algebra and their Applications to Intuitionistic Logic with Dual Operations, *Fundamenta Mathematicae* 85, pp.219-249.

[126] Rauszer, C., 1976: On the Strong Semantical Completeness of Any Extension of the Intuitionistic Predicate Calculus, *Bulletin de l'Académie Polonaise des Science, Série des Sciences Mathématiques, Astronomiques et Physiques* 24, pp.81-87.

[127] Rauszer, C., 1980: An Algebraic and Kripke-style Approach to a Certain Extension of Intuitionistic Logic, *Dissertationes Mathematicae* 157.

[128] Rédei, M., 1998: *Quantum Logic in Algebraic Approach*, Kluwer Academic Publishers.

[129] Restall, G., 2000: *An Introduction to Substructural Logics*, Routledge.

[130] Rybakov, V. V., 1997: *Admissibility of Logical Inference Rules*, North-Holland.

[131] Schroeder-Heister, P. and Došen, K. (eds.), 1993: *Substructural Logics*, Oxford University Press.

[132] Shoenfield, J. R., 1967: *Mathematical Logic*, Association for Symbolic Logic.

[133] Svozil, K., 1998: *Quantum Logic*, Springer-Verlag.

[134] Szabo, M. E., 1969: *The Collected Papers of Gerhard Gentzen*, North-Holland.

[135] Takano, M., 1995: Proof Theory for Minimal Quantum Logic: A Remark, *Archive for Mathematical Logic* 34, pp.649-654.

[136] Takano, M., 2002: Strong Completeness of Lattice Valued Logic, *Archive for Mathematical Logic* 41, pp497-505.

[137] Takeuti, G., 1978: *Two Applications of Logic to Mathematics*, Iwanami Shoten Publishers and Princeton University Press.

[138] Takeuti, G., 1981: Quantum Set Theory, *Current Issues in Quantum Logic*, E. Beltrametti, E. and van Fraassen, B. C. (eds.), Plenum Press, pp.303-322.

[139] Takeuti, G. and Titani, S., 1984: Intuitionistic Fuzzy Logic and Intuitionistic Fuzzy Set Theory, *Journal of Symbolic Logic* 49, pp.851-866.

[140] Takeuti, G., 1987: *Proof Theory*, 2nd ed., North-Holland.

[141] Takeuti, G. and Titani, S., 1987: Globalization of Intuitionistic Set Theory, *Annals of Pure and Applied Logic* 33, pp.195-211.

[142] Takeuti, G. and Titani, S., 1992: Fuzzy Logic and Fuzzy Set Theory, *Archive for Mathematical Logic* 32, pp.1-32.

[143] Tamura, S., 1988: A Gentzen Formulation without the Cut Rule for Ortholattices, *Kobe Journal of Mathematics* 5, pp.133-150.

[144] Thomason, R. H., 1968: On the Strong Semantical Completeness of the Intuitionistic Predicate Calculus, *Journal of Symbolic Logic* 33, pp.1-7.

[145] Titani, S., 1997: Completeness of Global Intuitionistic Set Theory, *Journal of Symbolic Logic* 62, pp.506-528.

[146] Titani, S., 1999: A Lattice-valued Set Theory, *Archive for Mathematical Logic* 38, pp.395-421.

[147] Titani, S. and Kozawa H., 2003: Quantum Set Theory, *International Journal of Theoretical Physics* 42, pp.2575-2602.

[148] Titani, S., A Completeness Theorem of Quantum Set Theory, *to appear*.

[149] Troelstra, A. S. and van Dalen, D. (eds.), 1982: *The L. E. J. Brouwer Centenary Symposium*, North-Holland.

[150] Troelstra, A. S. and van Dalen, D., 1988: *Constructivism in Mathematics* I, North-Holland.

[151] Troelstra, A. S. and van Dalen, D., 1988: *Constructivism in Mathematics* II, North-Holland.

[152] Troelstra, A. S. and Schwichtenberg, H., 2000: *Basic Proof Theory*, 2nd ed., Cambridge University Press.

[153] van Dalen, D., 1997: *Logic and Structure*, 3rd ed., Springer-Verlag.

[154] van Dalen, D., 2002: Intuitionistic Logic, *Handbook of Philosophical Logic*, 2nd ed., vol.5, pp.1-114.

[155] van Heijenoort, J. (ed.), 1967: *From Frege to Gödel: A Source Book in Mathematical Logic, 1879-1931*, Harvard University Press.

[156] Vickers, S., 1989: *Topology via Logic*, Cambridge University Press.

[157] von Neumann, J., 1955: *Mathematical Foundation of Quantum Mechanics*, Princeton University Press.

[158] Wansing, H. (ed.), 2001: *Essays on Non-Classical Logic*, World Scientific Publishing.

[159] Weingartner, P. (ed.), 2004: *Alternative Logics. Do Sciences Need Them?*, Springer-Verlag.

[160] Xu, Y., Ruan, D., Qin, K. and Liu, J., 2003: *Lattice-Valued Logic : An Alternative Approach to Treat Fuzziness and Incomparability*, Springer-Verlag.

索 引

[あ行]
アップ集合, 5
位相, 87
位相埋め込み (写像), 142
位相空間, 87
位相準同型写像, 141
位相同型 (写像), 142
位相ブール代数, 137
位相を入れる (導入する), 89
1 元集合, 19
1 元ブール代数, 52
1 点集合, 19
イデアル, 5, 18, 119
∩-構造, 26
上に有界, 2
埋め込み, 23
埋め込み (写像), 59, 115
埋め込み可能, 23
Ω-妥当, 160
Ω-値構造, 159

[か行]
開核, 29, 87
開核作用素, 29, 87, 137
開近傍, 87
開元, 137
開集合, 29, 87
外点, 91
外皮, 60
開被覆, 100
外部, 91
開閉元, 137
開閉集合, 90
開閉ブール代数, 130
下界, 2
核, 60
拡大付値関数, 76
下限, 3
下式, 72
下半束, 11

可補束, 47
ガロア対応, 33, 41
完全不連結, 99
完備位相ブール代数, 137
完備化, 41
完備集合束, 15
完備束, 10
完備ハイティング代数, 116
完備ブール代数, 50
完備部分束, 10
擬差元, 35
基底, 92, 139
擬ブール代数, 34, 109
擬補元, 34, 38, 109
擬補下半束, 38
擬補半束, 38
境界, 91
境界点, 91
極小拡大, 132
極小元, 3
極大イデアル, 19
極大元, 3
極大フィルター, 18
近傍, 87
鎖, 2
クラトフスキの閉包公理, 90
形式的証明, 73
ゲンツェン, 71
構造, 75
合同関係, 44
個体項, 71
固有イデアル, 18, 119
固有フィルター, 18, 119
コンパクト, 100
コンパクト空間, 100
コンパクト集合, 100

[さ行]
最小元, 2
最小上界, 3

最大下界, 3
最大元, 2
式, 72
自己準同型写像, 23
自己同型写像, 23
始式, 73
自然な準同型写像, 62
下に有界, 2
自明なブール代数, 52
主イデアル, 18
集合束, 15
集合体, 97
集合ブール代数, 53
終式, 73
充足, 76
主フィルター, 17
準基底, 92, 139
順序埋め込み, 8
順序集合, 1
順序準同型写像, 8
順序同型, 8
順序反転ガロア対応, 37
順序保存, 8
順序保存ガロア対応, 36
準同型, 22
準同型写像, 22, 59, 115
準ブール代数, 36
$(\vee, \wedge)$-分配律, 51
上界, 2
上限, 3
上式, 72
商束, 45
商代数, 62
上半束, 11
証明, 73
剰余対, 41
剰余対写像, 33
触点, 90
真, 76
随伴, 65
ストーン位相空間, 128
ストーン空間, 69
ストーン写像, 69
ストーン束, 128
ストーン体, 129
正規空間, 99
生成, 17, 18, 19, 56
生成系, 17, 53
正則開集合, 118
正則空間, 98
切断, 41

切断による完備化, 42
全射準同型, 22
全順序集合, 1
素イデアル, 119
相対擬補元, 34, 109
相対擬補束, 34
相対補元, 49
双対核, 60
双対ガロア対応, 41
双対原理, 11
双対順序集合, 2
双対順序準同型写像, 8
双対順序同型写像, 9
双対剰余対, 41
双対ハイティング代数, 36
双対命題, 11, 49
相補束, 47
束, 9
疎集合, 94
素フィルター, 64, 119

[た行]
第 1 分離公理, 98
第 1 類集合, 94
第 3 分離公理, 98
第 2 分離公理, 98
第 2 類集合, 94
第 4 分離公理, 99
ダウン集合, 5
ダウン集合束, 15
妥当, 76, 160
Tarski's Lemma, 66
単項イデアル, 18
単項フィルター, 17
単射準同型, 22
単射準同型 (写像), 115
単集合, 19
稠密, 94
超フィルター, 56
直観主義論理, 151
通常位相, 92
ツォルンの補題, 9
T_0 空間, 98
T_1 空間, 98
T_2 空間, 98
T_3 空間, 99
T_4 空間, 99
Dedekind-MacNeille の完備化, 41
点, 87
同型, 22
同型 (写像), 115

同型写像, 22, 59
同値関係, 23
同調写像, 8
同値類に関する置換原則, 45
閉じている, 30
トップ ∩-構造, 26
ド・モルガンの法則, 50, 51

[な行]
内点, 87
内部, 29, 87, 137
内部作用素, 29, 87, 137
内部代数, 138
2 元ブール代数, 52

[は行]
排中律, 151
ハイティング準同型写像, 115
ハイティング代数, 34, 109, 151
ハウスドルフ空間, 98
ハウスドルフの公理, 98
半束, 11
左アジョイント, 34
左随伴, 34
被覆, 100
ストーンの表現定理, 68
fip, 55
フィルター, 5, 17, 118
フィルター基, 55
フィルター部分基, 56
ブール準同型写像, 59
ブール代数, 48
付値関数, 75
縁集合, 94
不動点, 29
部分 (全) 順序集合, 2
部分束, 10
部分被覆, 100
部分ブール代数, 52
ブラウワー束, 36
ブラウワー代数, 35
ブラウワー補元, 35
フレーム, 116
ブロック, 44
分割, 44
分配束, 47
分離公理, 97
閉元, 137
閉集合, 27, 89
閉包, 27, 90, 137
閉包作用素, 27

閉包作用素, 30, 90
閉包代数, 138
Baire の性質, 96
ベキ集合代数, 52
ベキ集合ブール代数, 52
保存, 66
保存, 23
ボトム ∪-構造, 28

[ま行]
交わり, 4
交わりを保存する, 24
(∧, ∨)-分配律, 51, 117
右アジョイント, 34
右随伴, 34
密着位相, 97
無限 join, 4
無限 meet, 4
矛盾許容論理, 35
結び, 4
結びを保存する, 24
モデル, 77

[や行]
やせた集合, 94
有界, 2
有限交叉性, 55, 100
有限被覆, 100
∪-構造, 28
余ハイティング代数, 36

[ら行]
Rasiowa-Sikorski の埋め込み定理, 161
離散位相, 97
両立, 44
リンデンバウム代数, 81, 151, 156
ロカール, 116
ロケール, 116

著者略歴

青山 広
1953 年　愛知県生まれ
1988 年　イリノイ大学 (The University of Illinois at Urbana-Champaign) 大学院
　　　　卒業 (Ph.D. in Philosophy)
現在　　東海学園大学人文学部教授

専攻：論理学，言語哲学
著書：『再帰的パラドクス』近代文芸社 (2000) ほか
論文："Barwise and Ethemendy's Theory of Truth",
　　　　　Auslegung, vol.16, no.1 (1990).
　　　"The Strong Completeness of a System Based on Kleene's Strong
　　　Three-valued Logic",
　　　　　Notre Dame Journal of Formal Logic, vol.35, no.3 (1994).
　　　"真偽判断と確信度",
　　　　　計量国語学, vol.21 no.1 (1997).
　　　"The Semantic Completeness of a Global Intuitionistic Logic",
　　　　　Mathematical Logic Quarterly, vol.44, no.2 (1998).
　　　"LK, LJ, Dual Intuitionistic Logic, and Quantum Logic",
　　　　　Notre Dame Journal of Formal Logic, vol.45, no.4 (2004).
　　　ほか

小寺平治
1940 年　東京都生まれ．
1964 年　東京教育大学理学部数学科卒業
　　　　同大学院博士課程を経て，愛知教育大学助教授・同教授を歴任
現在　　愛知教育大学名誉教授

専攻：数学基礎論
著書：『なっとくする微分方程式』講談社 (2000) ほか
論文："ファジィの数学的基礎",
　　　　　日本ファジィ学会, vol.6, no.6 (1994).
　　　"[0,1]-valued Sheaf Model of an Intuitionistic Set Theory and Fuzzy
　　　Groups",
　　　　　Bulletin of Aichi University of Education 44 (Natural Science) (1995).
　　　ほか

千谷慧子
1957 年　東京大学理学部数学科卒業
1964 年　理学博士 (東京大学)
2003 年　中部大学定年退職
現在　　中部大学客員教授，学習支援室 (数学) 担当

専攻：数学基礎論
著書：『ファジイの数学的基礎』日刊工業新聞社 (1992)
論文："An algebraic formulation of cut-elimination theorem",
　　　　　Journal of the Mathematical Society of Japan vol.17, no.1 (1965).
　　　"A Proof of the Cut-Elimination Theorem in Simple Type Theory",
　　　　　Journal of Symbolic Logic vol.38, no.2 (1973).
　　　"Completeness of global intuitionistic set theory",
　　　　　Journal of Symbolic Logic vol.62, no.2 (1997).
　　　"A Lattice-valued Set Theory",
　　　　　Archive for Mathematical Logic vol.38, no.6 (1999).
　　　"Quantum set theory",
　　　　　International Journal of Theoretical Physics vol.42, no.11 (2003).
　　　ほか

論理体系と代数モデル

2007年3月31日第1版1刷発行

著　者 ── 青山　広・愛知非古典論理研究会
発行者 ── 大野俊郎
印刷所 ── 新灯印刷
製本所 ── グリーン製本
発行所 ── 八千代出版株式会社
　　　　　〒101-0061　東京都千代田区三崎町2-2-13
　　　　　TEL　03-3262-0420
　　　　　FAX　03-3237-0723
　　　　　振替　00190-4-168060

＊定価はカバーに表示してあります
＊落丁・乱丁本はお取り替えいたします

ⓒ2007 Printed in Japan
ISBN978-4-8429-1433-6